Regrow

DK

Regrow

40 Hacks für Pflanzen aus Obst-, Gemüse- und Kräuterresten

Simon Akeroyd

1,5 Millionen Follower auf **TikTok** und **Instagram**

Inhalt

Anbau-Basics 8

Aus der Gemüsetheke 18

Kräuter und Gewürze 68

Vom Obststand 94

Aus dem Vorrat 148

Einführung

Es macht ungemein Spaß, Lebensmittel selbst heranzuziehen. Man spart so nicht nur Geld, sondern hat auch viel Freude daran, Samen keimen zu sehen oder zu beobachten, wie Pflanzen nach der Winterruhe wieder zum Leben erwachen. Und wer ist nicht hin und weg, wenn Blüten sich öffnen oder Früchte reifen?

Dieses Buch enthält 40 Garten-Hacks, die euch zeigen, wie ihr aus euren wöchentlichen Einkäufen Obst, Gemüse, Kräuter, Nüsse oder einfach hübsche Pflanzen heranzieht. Meine Fensterbänke und mein Garten sind voller Blätter, Blüten und Früchte, deren Vorfahren ich im Laden gekauft habe.

Insgesamt sind meine 40 Favoriten hier versammelt, doch gibt es noch Hunderte weiterer Hacks, die ihr ausprobieren könnt. Sobald ihr die Basics beherrscht, könnt ihr mit geübtem Blick die Auslagen der Obst- und Gemüsetheke scannen und sehen, was ihr eurem florierenden Selbstversorgergarten sonst noch alles hinzufügen könnt. Schon wenige Einkäufe im Supermarkt reichen, und ihr versorgt euch fast unbegrenzt mit Samen, Stecklingen und Pflanzen, um möglichst viel selbst heranzuziehen. So werdet ihr unabhängiger von den großen Supermarktketten und spart auch noch Geld.

Nicht immer lässt sich etwas ernten, etwa bei Mangos, Ananas und Avocados, die erst nach Jahren oder aufgrund der klimatischen Bedingungen und ihrer Größe bei uns nie tragen. Andere sind steril oder brauchen Bestäuberpflanzen in der Nähe, um Früchte anzusetzen. Aber das spielt keine Rolle, denn hübsche Zimmerpflanzen bekommt ihr damit auf jeden Fall.

Alles, was ich im Garten tue, steht ganz im Zeichen des Recyclings. Oft nutze ich gerade das, was normalerweise weggeworfen wird, für den Anbau, etwa die Samen des Butternut-Kürbisses oder den Wurzelhals von Zwiebeln, Porree und Kohl. Mit anderen Worten: Man kann das Eingekaufte verputzen und den übrig gebliebenen Rest im Garten nutzen.

Doch nicht nur die Erzeugnisse, sondern auch die Gefäße lassen sich recyceln. Alles in diesem Buch kann man in Verkaufsschälchen oder leeren Toilettenpapierrollen anbauen, ganz zu schweigen von Pflanztöpfen aus Plastik, die zu Hause herumstehen. Es gibt keinen Grund, teure Ton- oder Porzellangefäße, Erde und Dünger zu kaufen. Genauso wenig geht es darum, Schönheitspreise zu gewinnen, sondern darum, Pflanzen umweltschonend zu ziehen. Deshalb steht jeder Hack im Zeichen der Nachhaltigkeit. Auf den nächsten Seiten erhaltet ihr viele Tipps zum Recyceln von Töpfen und Substraten.

Eine letzte Warnung: Pflanzen aus Supermarkteinkäufen zu vermehren, hat Suchtpotenzial. Ihr werdet Lauchzwiebeln oder Mais nie mehr sehen, ohne nicht sofort daran zu denken, was sich daraus ziehen lässt. Und nun: Viel Spaß beim Shoppen, Gärtnern und Genießen!

Anbau-Basics

Wie Pflanzen wachsen

und wie wir helfen können

Vieles, was wir aus der Obst- und Gemüsetheke im Supermarkt oder dem Gemüseladen nach Hause tragen, strotzt vor gespeicherter Energie und wartet nur darauf, weiterwachsen und uns mit Köstlichkeiten belohnen zu können. Wir müssen ihm nur die passenden Bedingungen bieten.

Aber nicht nur der Blick in die Frischetheke lohnt sich. Aus dem Gefrierfach und den Regalen mit getrockneten Lebensmitteln lachen uns Samen, Hülsenfrüchte, tiefgefrorenes Obst und mehr entgegen. Vieles davon lässt sich vermehren, sodass es uns auch weiter mit Frischem versorgt. Ihr müsst nur den Einkauf nach Hause bringen, ihm passende Bedingungen bieten und etwas Liebe entgegenbringen.

Es werde Licht (*und etwas Wasser und Wärme noch dazu*)

Pflanzen haben drei Grundbedürfnisse: Wärme, Licht und Wasser. Nur wenn sie erfüllt sind, wachsen sie (und damit auch viele eurer Einkäufe).

Die gute Nachricht: Für etliche der in diesem Buch beschriebenen Gewächse braucht ihr nicht einmal einen Garten. Oft reichen schon eine sonnige Fensterbank und ein Wasserhahn in der Nähe. Nur einige größere Kaliber gehören in voluminösere Töpfe, damit sie wachsen, aber das war's auch schon.

Pflanzen brauchen zwar Licht, doch sollte man sich vergegenwärtigen, dass direkte Sonne an einem

Fenster das Laub mancher Arten versengen kann. Das gilt vor allem für Sämlinge. Sehr oft verlangen Pflanzen einen »hellen Platz«, aber nicht in der prallen Sonne.

Samen müssen direkt nach der Aussaat gewässert werden, aber auch, wenn sie keimen und wachsen. Wie viel, hängt von der Pflanze und der Temperatur ab. Ob Aussaaten Wasser brauchen, prüft man am besten, indem man einen Finger in die Erde steckt. Fühlt sie sich staubig an und klebt nicht an der Haut, ist die Pflanze für eine Dosis Flüssigkeit dankbar.

Torffreie Erde

Ich empfehle in diesem Buch generell torffreie Universal- bzw. Blumenerde. Früher haben die Hersteller immer Torf beigemischt. Dieses natürlich vorkommende Material ist im Lauf vieler Jahrtausende entstanden und ein wichtiger Lebensraum für seltene Pflanzen und Tiere. Die Entnahme von Torf aus den empfindlichen, schrumpfenden Mooren ist für das Klima und die Ökologie ein Desaster. Wer also Erde kauft, sollte darauf achten, dass sie »torffrei« ist. In der Regel steht dieser Hinweis sehr prominent und unübersehbar auf den Säcken.

Natürlich ist die beste Erde die, die man selbst macht. Ein wichtiger Bestandteil ist Kompost. Er kostet nicht nur nichts, sondern bietet auch Gelegenheit, Küchen- und Gartenabfälle zu recyceln. Für das Ansetzen braucht man nicht viel Platz. Ich habe ein kleines Zweikammernsystem. Während eine Kammer voll ist und Material enthält, das sich gerade zersetzt, wird die andere laufend befüllt.

Für guten Kompost braucht man eine Mischung aus grünem und braunem Material im Verhältnis 60:40. Zu grünem Material gehören Grasschnitt, Küchenabfälle (Obst- und Gemüsereste, nicht aber Milch- und Fleischprodukte) und sonstiges krautiges Material. Braunes Material ist zum Beispiel Karton (ohne Klebebänder und Etiketten), altes Laub und Gehölzschnitt. Um den Zersetzungsvorgang zu beschleunigen, zerkleinert man es, so gut es geht.

Weiter lässt sich die Rotte durch regelmäßiges Wenden des Komposts mit einer Gabel fördern (oder in einer drehbaren Trommel, wie ich es mache). Dadurch wird der Inhalt gut beflüftet.

Neue Pflanzen zum Nulltarif

Damit Eingekauftes zu Hause erfolgreich keimt oder daraus Stecklinge gezogen werden können, braucht es die passende Umgebung. Samen gehen besser auf und werden zu gesünderen Pflanzen, wenn man sie drinnen in einem Anzuchtkasten auf das Leben vorbereitet.

Anzuchtkästen sind so etwas wie Minigewächshäuser. In ihrem Inneren ist es wärmer und feuchter als draußen, weshalb Samen besser keimen und Stecklinge leichter Wurzeln bilden und wachsen.

Für viele Pflanzen, die ihr zu Hause selbst zieht, braucht ihr nicht unbedingt einen Anzuchtkasten. Trotzdem gedeihen Sämlinge darin besser und wachsen schneller, sodass ihr früher und länger etwas ernten könnt.

Es gibt ausgefeilte Fabrikate mit Thermostaten und automatischer Belüftung – manche sind sogar mit Pflanzenlampen ausgestattet. Ich habe jedoch festgestellt, dass man auch gut mit Verpackungen aus dem Supermarkt fährt – ihr wisst schon, die Plastikschachteln mit Deckel, in dem Gebäck, Kekse, Obst und Salate verkauft werden. Normalerweise wandern diese Verpackungen in den Müll, doch kann man sie auch nutzen, um Pflanzen darin aufzuziehen.

Anzuchtkästen, selbst gemacht

- Stecht mit einem Stäbchen oder Bratenspieß kleine Abzugslöcher in den Boden eurer Verpackungsbox, wenn nicht schon welche drin sind.
- Stellt die Box auf ein Tablett, damit sich darauf das Wasser sammeln kann, das nach dem Gießen der Aussaaten aus den Abzugslöchern rinnt.
- Füllt die Box mit torffreier Universalerde und sät sie an.
- Stellt den Kasten auf eine sonnige Fensterbank. Im Inneren ist es so warm, dass die Samen im Nu sprießen sollten.
- Wässert die Aussaat regelmäßig und prüft die Erde immer wieder. In einem Anzuchtkasten trocknet sie oft schneller aus als normal.
- Öffnet an heißen Tagen die Abdeckung, damit die Sämlinge keinen Hitzeschock bekommen oder in der prallen Sonne versengt werden.

Im Winter verwöhnt man den Inhalt mit zusätzlicher Wärme, indem man den Anzuchtkasten auf Handtücher stellt, die auf einen Heizkörper gelegt werden. Meine Heizkörper haben Abdeckungen und sind daher wie geschaffen als Regal für meine Aussaaten. Man kann die Kästen aber auch auf eine mit Folie abgedeckte Heizdecke auf einem Tisch stellen.

Ein Minigewächshaus bauen

Wenn euch das Gärtnerfieber gepackt hat, werdet ihr schnell jeden verfügbaren Platz drinnen mit Töpfen und Schalen vollstellen. Natürlich wäre ein Gewächshaus oder Wintergarten das Nonplusultra, aber wer hat schon dafür Platz?

Ausgezeichnet zu Minigewächshäusern umfunktionieren lassen sich durchsichtige Plastikkisten, die man oft preiswert bei Discountern bekommt. Stellt sie auf die Terrasse, den Balkon oder die Veranda und beschwert sie mit einem Ziegelstein oder einem anderen Gewicht, damit sie in windigen Nächten nicht weggeblasen werden.

Abdeckungen aus Kanistern

Wenn ihr eure Sämlinge früh auf den Weg bringen möchtet, steckt sie in durchsichtige Kanister. Ich finde ausrangierte Kanister von Scheibenfrostschutzmittel ideal. Schneidet drei Seiten des Kanisters auf halber Höhe ab. Die vierte Seite bleibt ganz – sie dient als Deckel, der nach außen geklappt wird, wenn die Sämlinge Licht und Luft brauchen, oder nach innen, wenn sie es geschützt und warm haben sollen. Stecht ein paar Abzugslöcher in den Boden und füllt den Kanister anschließend mit torffreier Erde.

Starterkit für Ausgefuchste

Wer ins Gärtnern einsteigen will, braucht keinen dicken Geldbeutel. Vieles, was ich einsetze, liegt bereits irgendwo im Haus herum. Bei den meisten Utensilien handelt es sich um Verpackungen, Behälter und Kisten, die ich beim Einkaufen bekommen habe. Statt sie in die Recyclingtonne zu werfen, verwende ich sie lieber im Garten.

Pflanzenetiketten

Ich schneide meine Milchkartons in 1 × 10 cm lange Streifen und verwende sie als Pflanzenetiketten. Schreibt die Pflanzennamen mit Bleistift darauf – so kann man sie auch nach dem Wässern noch lesen. Wenn ihr die Etiketten im nächsten Jahr wieder verwendet, radiert ihr einfach die Beschriftung aus.

Plastikflaschen als Gießkanne

Wasserflaschen aus Kunststoff lassen sich als Gießkanne einsetzen. Stecht mit einem spitzen Gegenstand viele kleine Löcher in den Schraubverschluss – er dient als Brause. Dann füllt ihr die Flasche und gießt drauflos. Wie kräftig der Strahl sein soll, könnt ihr durch den Druck auf die Flasche regeln.

Getränkekartons als Aussaattöpfe

Es muss nicht immer Plastik sein. Ich bastle Aussaattöpfe aus Getränkekartons, etwa solchen, in denen pflanzliche Milch verkauft wird. Legt den Karton dazu auf die Seite und stecht Abzugslöcher in den Boden. Dann schneidet ihr die obere Hälfte ab. Die untere füllt ihr mit Erde – und schon könnt ihr aussäen. Ideal ist der improvisierte Topf zum Beispiel für Kräuter auf der Küchenfensterbank, denen es draußen zu kalt ist.

Toilettenpapierrollen als Sämlingstöpfchen

Ihr braucht keine teuren Tontöpfe oder Plastikgefäße aus Ewigkeitsmaterial für eure Aussaaten zu kaufen – leere Toilettenpapierrollen tun es genauso. Ihr könnt das untere Ende nach innen falten, sodass die Erde nicht herausrieselt, aber das ist nicht einmal unbedingt nötig. Haltet einfach die Hand darunter, wenn ihr sie umsetzt; später halten die Wurzeln die Erde dann von selbst fest. Wenn ihr das untere Ende nicht faltet, können die Wurzeln sogar leichter nach unten wachsen.

Noch unproblematischer ist das Einpflanzen: Steckt einfach die Rolle mitsamt Inhalt in die Erde. Allerdings muss der Karton komplett in der Erde stecken, sonst zieht das herausragende Ende Wasser wie ein Docht aus dem Boden, sodass die Pflanze schneller austrocknet.

Vorteile erhöhter Beete

In Gärten mit mageren Böden haben Hoch- und Rahmenbeete unschätzbare Vorteile. Man kann sie mit Substrat füllen, in denen die Pflanzen besonders gut wachsen. Zudem haben sie einen besseren Wasserabzug. Je höher Beete sind, desto weniger muss man buckeln. Sie erwärmen sich rascher, sodass man früher ernten kann. Da warme Luft nach oben steigt, sind sie auch noch weniger frostgefährdet.

Rahmenbeete aus Paletten

Wer nicht gerade Großmengen einkauft, bekommt normalerweise keine Holzpaletten. Oft kann man sie aber bei Supermärkten und Lagerhäusern abstauben. Fragt die Besitzer, ob sie die Dinger noch brauchen – wenn es sich nicht gerade um Europaletten handelt, sind sie oft froh, sie loszuwerden. Das Holz sollte allerdings wärmebehandelt und nicht chemisch präpariert sein – ihr wollt schließlich nicht, dass giftige Substanzen in eure Erde gelangen. Achtet auf die Kennzeichnung »HT«, sie steht für »Heat Treatment«, also Wärmebehandlung.

Aus den Paletten lassen sich einfache Rahmenbeete basteln. Entfernt dazu die oberen Bretter und nagelt sie seitlich an. Dann könnte ihr die Palette mit Erde füllen. Ich habe auch schon Pflanztische und Tröge aus Paletten gezimmert.

Untersetzer

Viel Verpackungsmaterial, etwa Eis-, Margarine- und Joghurtbecher, kann man als Untersetzer unter Pflanztöpfen einsetzen. Sie fangen ablaufendes Wasser nach dem Gießen auf.

Düngen mit Abfall

Es gibt nicht den geringsten Grund, Geld für Dünger rauszuwerfen, denn draußen in der Natur ist er das ganze Jahr im Überfluss verfügbar. Wer in der Nähe eines Parks oder auf dem Land wohnt, sammelt Pflanzen, bringt sie nach Hause und macht daraus Dünger. Fragt aber zur Sicherheit immer den Grundbesitzer und nehmt nie zu viel auf einmal mit – für die Tierwelt da draußen sollte noch genug stehen bleiben. Für Pflanzendünger braucht man auch gar nicht viel Rohmaterial.

Ich sammle am liebsten Brennnesseln. Der Dünger, der sich daraus ansetzen lässt, ist sehr stickstoffhaltig. Stickstoff fördert die Laub- und Triebbildung. Man erntet Brennnesseln am besten im Frühjahr, wenn sie am kräftigsten wachsen. Bewaffnet euch mit einem Beutel, einer Garten- oder Haushaltsschere und Handschuhen. Ratsam ist es auch, langärmelige Kleidung zu tragen, um nicht schmerzhafte Bekanntschaft mit den Brennhaaren zu machen.

Schneidet die Stängel junger Brennnesseln mitsamt dem Laub ab. Zu Hause zerkleinert ihr sie und gebt sie in einen Eimer. Sobald der voll ist, füllt ihr ihn mit Wasser. Die Mixtur lasst ihr draußen ein paar Wochen stehen, bis sich die Pflanzen zersetzt haben.

Vorsicht: Das Zeug stinkt. Stellt den Eimer also nicht neben die Eingangstür, sonst habt ihr eine Weile kaum noch Gäste! Sobald sich die Flüssigkeit im Eimer dunkelbraun färbt, könnt ihr sie in ausgemusterte Kanister oder andere verschließbare Plastikbehälter umfüllen. Den konzentrierten Dünger gebt ihr alle ein, zwei Wochen ins Gießwasser, idealerweise in einer Verdünnung von 1:10. Damit wird der Wurzelraum der zu düngenden Pflanzen gewässert, bis sie blühen oder Früchte ansetzen.

In wesentlich kleinerem Rahmen lassen sich auch Obst- und Gemüsereste in Wasser legen, am besten in einem luftdicht verschließbaren Behälter, etwa einer Eisschachtel. Wartet ein paar Tage, bis sich die Abfälle zersetzt haben. Dann verdünnt ihr die Brühe mit Wasser und düngt eure Pflanzen damit. Ich mache das oft mit Bananenschalen, die viel Kalium enthalten, einem essenziellen Pflanzennährstoff, der den Wasserhaushalt der Zellen reguliert und die Widerstandskraft der Pflanzen fördert.

Selbst mit Kaffeesatz kann man seine Gewächse gelegentlich düngen. Allerdings sollte man diesen zuerst kompostieren, denn er enthält neben förderndem Stickstoff auch Polyphenole, die das Pflanzenwachstum hemmen können. Die Mikroorganismen im Komposthaufen zerlegen diese Substanzen und übrig bleibt guter Pflanzendünger.

Wasser auffangen

Wasser wird ein immer kostbareres Gut. Deshalb lohnt es sich, Regenwasser aufzufangen. Es kostet nichts und ist kalkfrei, was man von Leitungswasser nicht behaupten kann. An Fallrohren von Dachrinnen lassen sich Wassertonnen bzw. -tanks anschließen. In manchen Gemeinden bekommt man kostenlose oder vergünstigte Regentonnen bzw. Fördergelder für Regenwasserzisternen. Man kann allerdings auch in kleinerem Maßstab alte Behälter, Eimer, Waschschüsseln oder sogar Teetassen draußen aufstellen, wenn es regnet, und mit dem Wasser zum Beispiel die Sämlinge auf der Fensterbank gießen.

Teebeutel und Kaffeefilter sammeln

Getrocknete Teebeutel und Kaffeefilter lassen sich anstelle von Tonscherben über Abzugslöcher im Topfboden legen, damit beim Wässern keine Erde ausgewaschen wird.

Blätter für Laubhumus

Laubhumus aus verrotteten Blättern eignet sich hervorragend als Volumengeber und Verbesserer für Topferde. Mutter Natur stellt diese Ressource gratis zur Verfügung, vor allem im Herbst, wenn Unmengen Laub von den Bäumen fällt. Harkt es zusammen und gebt es in Abfallsäcke, stecht ein paar Löcher in den Boden der Säcke und lasst sie ungefähr ein Jahr lang draußen stehen. Wenn ihr dann einen Blick hineinwerft, lacht euch bester Laubhumus entgegen, den ihr in eure Topferde mischen könnt.

Aus der Gemüse-theke

Hack Nr. 01

Frühlingszwiebeln *aus den Wurzeln*

Werft die Enden eurer Frühlingszwiebeln nicht weg. Sie treiben wieder aus und bescheren euch schnittlauchartige Triebe als Bonus. Sie nicht zum Austreiben zu bringen, ist fast unmöglich. Deshalb sind sie die perfekten Einsteigerpflanzen – selbst für die, die glauben, keinen grünen Daumen zu haben.

Dieser Trick funktioniert das ganze Jahr – und auch noch mit Pflanzen, die fast keinen Platz auf der Fensterbank in der Küche brauchen. Aus dem Wurzelhals wachsen frische, grüne Triebe mit einem exquisiten milden Zwiebelgeschmack, der Schwung in Salate und pikante Smoothies bringt. Zwar ist es unwahrscheinlich, dass die Pflanzen bei dieser Zweitverwertung noch einmal Minizwiebeln bilden, aber wenn man lang genug wartet, setzen sie zumindest Blüten und Samen an. Die kann man im Frühjahr aussäen, um wieder frische Frühlingszwiebeln zu bekommen.

Ihr braucht

- 1 Bund Frühlingszwiebeln
- Messer
- Pflanzenschale
- torffreie Universalerde
- Toilettenpapierrollen (optional)

Pflanzenwissen

Meist handelt es sich bei Frühlingszwiebeln aus dem Supermarkt um junge Speisezwiebeln (auch schlicht »Zwiebeln« genannt). Ihr botanischer Name lautet *Allium cepa*. Sie werden unreif geerntet, bevor sie die typische dicke Zwiebel bilden, die wir schälen und würfeln. Wer Glück hat, bekommt auch Winterzwiebeln (*Allium fistulosum*) als Frühlingszwiebeln. Sie bilden von Natur aus kleinere, schmalere Zwiebeln in Horsten. Für manche sind nur sie die »echten« Frühlingszwiebeln.

Die neu ausgetriebenen Zwiebelnschlotten sind dünner als die der Elternpflanze – ideal für Salate.

So geht's

01 Bund Frühlingszwiebeln nehmen und ihr unteres Ende mitsamt einem 2 cm langen Stück des weißen Stängels abschneiden. Bei genauem Hinsehen sollte man die kleinen Wurzeln erkennen können.

02 Schale mit torffreier Universalerde füllen. Frühlingszwiebeln sind Flachwurzler und brauchen nur eine etwa 5 cm dicke Erdschicht. Ich verwende oft Schälchen aus dem Supermarkt und steche Abzugslöcher hinein.

03 Die Stücke mit 3 cm Abstand zueinander 1 cm tief in die Erde stecken, sodass nur noch das obere Ende herausragt. Wer ein Pflanzholz hat, kann die Löcher vorstechen.

04 Falls besonders zarte weiße Stängel gewünscht sind, Toilettenpapierrollen daraufstecken. Sie entziehen den Pflanzen Licht, sodass sie weiß bleiben – man nennt das »Bleichen«.

05 Schale auf eine sonnige Fensterbank stellen und zweimal wöchentlich wässern. Nach einer Woche sollten sie austreiben.

06 Nach rund 20 Tagen können frische Stängel geerntet werden, indem man sie mit der Schere abschneidet. Sie treiben anschließend wieder aus. Ich ziehe seit inzwischen über einem Jahr ein und dieselben Frühlingszwiebeln.

Eingefroren

Wer Frühlingszwiebeln für später braucht, schneidet sie in 1cm lange Stücke, gibt sie in eine Gefrierdose und friert sie ein. Erstaunlicherweise kleben die Stückchen nicht aneinander. Aufgetaut werden müssen sie vor der Verwendung auch nicht – streut sie einfach direkt auf das Gericht. Genauso kann man mit Schnittlauch verfahren. Ich friere Frühlingszwiebeln und Schnittlauch oft zum Saisonende ein und habe dann einen schier unerschöpflichen Vorrat für den Winter.

Wachsen lassen

Frühlingszwiebeln können auch in den Garten gepflanzt werden. Sie sollten bei regelmäßiger Ernte den ganzen Sommer hindurch Nachschub liefern. Jätet aber gut, damit sie nicht mit Unkräutern um Nährstoffe konkurrieren müssen. Wenn ich Frühlingszwiebeln (ja, überhaupt alle Zwiebeln) neben meine Möhren pflanze, halten sie die Möhrenfliege fern (einen schlimmen Wurzelschädling).

Hack Nr. 02

Blattsalat *aus dem Strunk*

Ich finde, kein Salat ist komplett ohne Blattsalat. Ihr habt die Qual der Wahl: Soll es Eisberg-, Kopf-, Romana- oder Pflücksalat sein? Zum Glück kann man alle kinderleicht aus dem Strunk nachwachsen lassen. Kurz gesagt: Ihr bekommt zwei Salate zum Preis von einem!

Salate sind die Sprinter im Gemüsereich. Es macht immer viel Spaß zu sehen, wie schnell sie erntereif sind. Schnappt euch im Supermarkt immer die frischesten Exemplare. Ihr braucht eines mit Strunk, da nur daraus köstliche neue, aufrechte Blätter frisch austreiben. Wenn ihr eine crispy Sorte mit festem, geschlossenem Kopf habt, etwa einen Eisbergsalat, ist es allerdings unwahrscheinlich, noch einmal ein Exemplar derselben Größe und Form zu bekommen. Salate lassen sich drinnen oder draußen im Topf kultivieren, gedeihen auch im Freiland. Sie mögen es sonnig, kommen jedoch mit etwas Schatten zurecht.

Ihr braucht

- Salatkopf
- Messer
- kleine Wasserschale
- torffreie Universalerde
- Pflanztöpfe

Die Strünke kann man drinnen oder draußen nachwachsen lassen.

So geht's

01 Unteres Ende des Salatkopfs abschneiden, sodass ein 3 cm langer Strunk bleibt.

02 Strunk in eine Wasserschale legen, in der das Wasser 1 cm hoch steht, und auf eine sonnige Fensterbank stellen. Nach 10 Tagen sollten aus dem Strunk frische Blätter austreiben.

03 Topf mit torffreier Erde füllen und den Strunk so tief einpflanzen, wie er zuvor im Wasser lag.

04 Auf eine sonnige Terrasse oder wie schon zuvor auf die Fensterbank stellen.

05 Wer einen Garten hat, kann die Strünke auch mit rund 30 cm Abstand ins Freiland pflanzen.

Auf gutes Gedeihen

Kultiviert ihr den Salat drinnen, wässert ihr ihn ein paarmal die Woche. Das gilt auch für Freilandexemplare, wenn es einmal längere Zeit nicht regnet. Schützt ihn vor Schnecken, da sie ganz wild auf frische Salatblätter sind. Wenn ihr die Tiere entdeckt, sammelt sie ab und setzt sie neben einen Komposter oder dorthin, wo sie sich von Unkraut ernähren können. Die jungen, zarten Blätter der Salate werden bei Bedarf geerntet. Schneidet sie mit einem Messer oder einer Schere direkt über dem Ansatz ab. Auch nach dem Ernten sollten weitere Blätter neu austreiben. Sobald der Strunk erschöpft ist und keine Energie mehr hat, nehmt ihr ihn aus dem Topf und werft ihn auf den Komposter.

Hack Nr. 03

Tomaten *aus Scheiben*

Nichts schmeckt meiner Ansicht nach besser als eine frisch vom Trieb geerntete Tomate, die auf dem eigenen Grund und Boden wächst und von der Sonne verwöhnt wurde. Tomaten sind so einfach zu vermehren – auch mit Exemplaren aus dem Handel. Genießt den Geschmack der Mittelmeerküche!

Tomaten (*Solanum lycopersicum*) aus dem Supermarkt schmecken nicht immer super. Lasst euch davon aber nicht abschrecken. Wenn sie nicht ihr volles Potenzial entfalten, liegt es meist daran, dass sie zu früh geerntet und zu lange gelagert werden. Zieht sie einfach selbst heran: Samen aus Supermarkttomaten zum Keimen zu bringen, ist kinderleicht – und ein bisschen wie das Belegen eines Pizzateigs aus Erde. Aus Supermarktsorten gezogene Pflanzen tragen allerdings nicht wieder dieselben Früchte. Die genetische Aufspaltung der sogenannten F1-Sorten sorgt dafür, dass diese Tomaten unterschiedliche Nachkommen haben.

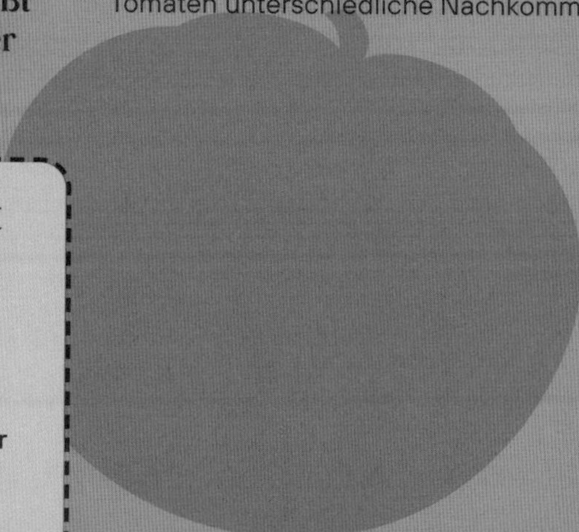

Ihr braucht

- Tomate
- scharfes Messer
- alte Weintraubenschachtel oder ähnlichen Behälter
- torffreie Universalerde
- Pflanzentöpfe

Damit die Tomate am Ansatz buschiger wächst, zwickt man die Spitze des Haupttriebs ab.
Stabtomaten werden leicht über 2 m hoch und brauchen einen Bambusstock oder eine andere Stütze.
Tomatensetzlinge legen in kürzester Zeit kräftig zu. Macht euch darauf gefasst, dass ihr sie bald in größere Töpfe umpflanzen müsst.

So geht's

01 Tomate in rund 3 mm dicke Scheiben schneiden. Wer genau hinsieht, erkennt die winzigen Samen in den Scheiben.

02 In einen Behälter eine 3 cm dicke Schicht Erde füllen. Ich verwende dafür eine Plastikschale, in der ich Weintrauben gekauft habe. In den Boden des Behälters müssen Abzugslöcher gestochen werden.

03 Ein paar Tomatenscheiben auf die Erde legen. Die Scheiben 2 cm dick mit Erde bedecken.

04 Behälter auf eine warme Fensterbank stellen und regelmäßig wässern. Bald sollten Sämlinge aus der Erde spitzen.

05 Sobald die Sämlinge ein paar »echte« Blätter tragen, können sie in Einzeltöpfe umgepflanzt werden. Echte Blätter folgen auf das erste Blattpaar, die Keimblätter, die Keimlinge bilden, und unterscheiden sich merklich von ihnen.

06 Die Töpfe an einen warmen, sonnigen Platz stellen, bis die Jungpflanzen rund 15 cm hoch sind. Tomaten sind frostempfindlich, daher erst nach dem letzten Frost ins Freie setzen. Man kann sie im Topf oder zu zweit im Pflanzsack ziehen. Ich kultiviere sie am liebsten im Freiland.

Auf gutes Gedeihen

Bei Tomaten unterscheidet man grob zwischen Stab- und Buschtomaten. Alle meine Pflanzen, die ich aus Supermarkttomaten gezogen habe, waren Buschtomaten. Stabtomaten brauchen eine Stütze. Sobald die Triebe etwa 2 m hoch sind, zwickt ihr die Spitze ab, damit die Pflanze weiter unten buschiger wächst (und mehr Früchte ansetzt). Reif werden Tomaten ab dem Hochsommer. Wer das Glück hat, ein Gewächshaus oder einen Wintergarten zu besitzen, kann sie auch dort ziehen, denn unter Glas ist die Anbausaison ein gutes Stück länger.

Hack Nr. 04

Avocados

aus Samen

Die Avocado (*Persea americana*) lässt sich aus ihrem großen Samen gut als Zimmerpflanze mit dekorativen, glänzenden Blättern ziehen. In kühleren Gegenden bringt man sie aber nicht dazu, Früchte zu bilden, denn sie stammt aus Mittel- und Südamerika und braucht viel Wärme.

Botanisch gesehen sind Avocados Beeren mit einem von Fruchtfleisch umschlossenen Kern (Samen), doch kommen sie in pikant-würzigen Speisen zum Einsatz und liegen im Handel in der Gemüsetheke. In einem gemäßigten Klima wie dem von Mitteleuropa bekommt man eine Avocado kaum dazu, Früchte zu bilden. Ich kenne zwar jemanden, der von einer vor Jahren ausgesäten Pflanze Avocados erntet, doch steht sie in einem warmen Wintergarten. Wahrscheinlich werdet ihr euch mit einer hübschen Zimmerpflanze begnügen müssen, aber sollte eure Avocado nach Jahren doch einmal Früchte tragen, freut euch über die Dreingabe.

Ihr braucht

- Avocado
- scharfes Messer
- Gefrierbeutel oder Plastikgefäß
- 2-Liter-Pflanztopf
- torffreie Universalerde

Avocados sind einnehmende Blattschmuckpflanzen, brauchen aber viel Wärme, um Früchte anzusetzen.

So geht's

01 Avocado halbieren, den großen Kern vorsichtig herausnehmen und spülen.

02 Kern in einen Gefrierbeutel oder ein Plastikgefäß geben. In einen dunklen Schrank stellen und ein paar Wochen dort lassen.

03 Mit ein bisschen Glück beginnt der Kern dort schon zu keimen und einen kleinen Trieb zu bilden.

04 Kern etwa 2 cm tief in torffreie Erde stecken – der Trieb muss nach oben zeigen. Alle paar Tage wässern. Innerhalb einiger Wochen bildet er einen Stamm und Blätter.

05 Pflänzchen an einen warmen, sonnigen Platz drinnen stellen und immer dann wässern, wenn sich die Erde trocken anfühlt.

06 Wöchentlich oder wenn die Blätter beginnen gelb zu werden, einen Universaldünger verabreichen.

Auf gutes Gedeihen

Avocados wachsen in ihrer tropischen Heimat zu stattlichen Bäumen heran. Wenn ihr eure Avocado drinnen im Topf als Zimmerpflanze kultiviert, zwickt die Triebspitze ab, sobald sie 40 cm hoch ist. So wächst sie buschiger und bleibt außerdem kleiner.

Hack Nr. 05

Staudensellerie

aus dem Strunk

Ich mag die knackigen Stangen von frischem Staudensellerie (*Apium graveolens*). Der Strunk wird normalerweise weggeworfen, kann jedoch für das Regrowing genutzt werden. Er treibt frische Stangen aus, die nicht mehr so groß wie die gekauften sind, aber saftiger und eine Bereicherung für Salate oder Suppen.

Staudensellerie ist mit Petersilie und Möhren verwandt. Angebaut wird er wegen seiner essbaren Triebe. Man zieht ihn am besten im Frühjahr, damit man seine erfrischenden Stangen den ganzen Sommer hindurch genießen kann. Ich habe ihn aber auch schon im Herbst auf den Weg gebracht und den Strunk nach draußen gesetzt, wo er den Winter überdauert und mir im darauffolgenden Frühjahr frischen Nachschub geliefert hat. Die Heimat des Selleries sind feuchte, sumpfige Gebiete, wässert eure Pflanzen daher nach dem Einwachsen gut.

Ihr braucht

- Selleriestaude
- scharfes Messer
- große Schüssel
- torffreie Universalerde
- Pflanztopf

Werft das Laub nicht weg. Aus ihm lässt sich ein leckeres Pesto zubereiten.

Wer weiße Stangen mit milderem Geschmack bevorzugt, häufelt Erde um sie herum an – man nennt das »Bleichen«.

Ist Sellerie reif, kann man die Triebe auch stehen lassen und warten, bis sie blühen und Samen ansetzen. Selleriesamen lassen sich getrocknet als Gewürz nutzen.

So geht's

01 Den Strunk von der Pflanze trennen.

02 Strunk in eine Schale oder Schüssel mit 1–2 cm Wasser legen.

03 Schüssel 1–2 Wochen lang an ein sonniges Fenster stellen.

04 Irgendwann wachsen aus dem Strunk frische Triebe. Oft bilden sich auch im unteren Teil, also im Wasser, neue Wurzeln.

05 Den Strunk nun in einen Topf mit torffreier Erde pflanzen, wo er weiter frische Triebe bilden wird. Stangen ernten, sobald sie 10–15 cm hoch sind. Erntet man sie regelmäßig, sollte der Strunk den Sommer hindurch immer neue Triebe bilden. Pflanze regelmäßig alle paar Tage wässern.

06 Der Strunk kann auch draußen ins Freiland oder in ein Hochbeet gepflanzt werden. Kommen mehrere nebeneinander, lässt man 30 cm Abstand dazwischen.

Sellerie bleichen

Wenn ihr die Stangen so hell haben wollt, wie ihr sie im Laden bekommt, müsst ihr sie bleichen. Dazu harkt ihr Erde an die Stangen heran – man nennt das »Anhäufeln«. So bekommen sie kein Sonnenlicht mehr und werden blass.

Hack Nr. 06

Kartoffeln *aus den Knollen*

Sie ist das wahrscheinlich beliebteste Gemüse auf unserem Planeten: die Kartoffel (*Solanum tuberosum*). Nichts ist leichter, als sie sich im Supermarkt zu besorgen. Vergisst man aber einmal eine Kartoffel hinten im Regal, keimt sie irgendwann. Sie eignet sich zwar dann nicht mehr sonderlich gut zum Kochen, lässt sich aber umso besser draußen einpflanzen, um weitere Kartoffeln zu liefern.

Als Gemüse werden die verdickten unterirdischen Knollen der Kartoffelpflanze genutzt. Wer sie ernten will, muss also in die Erde vordringen – entsprechend braucht man für diesen Hack etwas Platz draußen. Um mir die mühselige Buddelei zu ersparen, ziehe ich mir meine Kartoffeln allerdings gern in Müllsäcken oder alten Erdsäcken heran, die auf meiner Terrasse kaum Platz brauchen. Natürlich kann man sie auch in größeren Gefäßen und Hochbeeten anbauen oder spezielle Pflanzsäcke kaufen.

Ihr braucht

- Kartoffeln
- torffreie Universalerde
- Müllsack oder alten Erdsack

Wer gut organisiert ist, kann alle paar Wochen Neue auslegen, um die ganze Saison lückenlos versorgt zu werden.

So geht's

01 Kartoffeln in einem warmen dunklen Schrank lagern, bis sie Keime bilden. Ein ausrangierter Eierkarton ist dafür ideal.

02 Einen großen Topf, Müllsack oder Erdsack 10 cm hoch mit Erde füllen. In die Säcke Abzugslöcher stecken und die Seiten zur Hälfte nach unten rollen.

03 Drei Kartoffeln auf die eingefüllte Erde legen und mit 10 cm Erde bedecken. Draußen an einen sonnigen Platz stellen und wöchentlich wässern, falls es ein paar Tage nicht regnet.

Anhäufeln

Wenn die beblätterten Triebe 10–20 cm hoch sind, müssen sie »angehäufelt« werden. Dazu packt man sie in Erde, bis nur noch die Triebspitzen herausragen. Das verhindert, dass die Knollen grün werden. Man versorgt die Pflanze mit noch mehr Erde, wodurch sie weitere Knollen ansetzt. Zieht man sie im Sack, rollt man die Seiten hoch und füllt ihn bis oben mit Erde. Sobald der Behälter oder Sack voll ist, lässt man das Anhäufeln sein.

04 Triebe anhäufeln, sobald sie eine gewisse Höhe erreichen (siehe Kasten gegenüber). Öffnen sich Blüten, kann man schon die ersten Frühkartoffeln ernten. Dazu Erde durchwühlen oder den Inhalt des Sacks ausleeren. Lässt man die Knollen länger in der Erde, werden sie größer. Ab dem Zeitpunkt, da das Laub abstirbt, wachsen sie nicht mehr weiter.

05 Kartoffeln in Töpfen müssen häufiger gewässert werden als solche im Freiland und werden auch nicht so groß.

Auf gutes Gedeihen

Kartoffeln stammen ursprünglich aus Südamerika. Sie eignen sich zwar für unser kühleres, regenreiches Klima, sind aber nicht winterhart. Ich pflanze sie etwa ab April, damit sie möglichst lange Zeit zum Wachsen haben. Wer über genug Platz verfügt, kann auch bis zum Hochsommer alle paar Wochen neue Knollen auslegen, um vom Sommer bis zum Spätherbst kontinuierlich versorgt zu werden.

Hack Nr. 07

Süßkartoffeln

aus Stecklingen

Wie die bescheidene Kartoffel wird auch die Süßkartoffel *(Ipomoea batatas)* wegen ihrer Knollen gezüchtet, die sich im Erdreich bilden. Ich mag dieses Gemüse – es ist so vielseitig und eine ausgezeichnete Alternative zur traditionellen Kartoffel. Man kann es aber nicht auf der Fensterbank ziehen, sondern nur im Freiland oder Gewächshaus.

Weil Süßkartoffeln aus einer warmen Klimazone stammen, brauchen sie eine lange Anbausaison. Man sollte sie schon im zeitigen Frühjahr auf den Weg bringen, damit ihre unterirdischen Knollen bis zum Jahresausklang Zeit haben zu reifen. Vermehrt werden sie durch Stecklinge, die man direkt von den Knollen schneidet. Die Knollen müssen so früh wie möglich dazu gebracht werden, diese Stecklinge auszutreiben, da sie noch vor dem ersten Herbsfrost selbst Knollen gebildet haben müssen.

Ihr braucht

- Behälter, etwa eine Weintraubenschale
- torffreie Universalerde
- Süßkartoffel
- Messer

Bonus

Bei der Kultur von Süßkartoffeln gibt es ein Extra: die Blätter und Triebe. Sie lassen sich ebenfalls ernten und ähnlich wie Spinat zubereiten. Mit normalen Kartoffeln darf man das aber nicht, denn ihre Blätter sind giftig!

Süßkartoffeln werden
ziemlich groß, brauchen
also Platz draußen.

So geht's

01 Abzugslöcher in die Schale stechen, falls sie noch keine hat, und Erde einfüllen. Süßkartoffel waschen. Nicht eingraben, sondern quer auf die Erde legen, sodass nur das untere Drittel im Substrat steckt.

02 Schale drinnen an einen sonnigen Platz stellen. Nach ein paar Wochen bildet die Knolle Triebe, die als Stecklinge genutzt werden.

03 Triebe behutsam mit einem Messer von der Knolle trennen, sobald sie 10 cm hoch sind. Jeden Trieb (Steckling) in ein Glas Wasser stellen und auf der Fensterbank weiterwachsen lassen. Für ausreichend Wärme sorgen.

04 Die Stecklinge nach dem letzten Frost draußen in Töpfe oder ins Freiland setzen. Falls ein Gewächshaus vorhanden ist, dort hineinpflanzen, da die Chancen dann gut stehen, dass sie vor dem Herbstfrost Knollen bilden.

05 Süßkartoffeln wachsen kriechend, daher sollte man ihnen viel Platz einräumen, damit sie sich ausbreiten können. Um Platz zu sparen, kann man sie an Stangenzelten aus Bambus oder Rankgittern hochwachsen lassen.

06 Die Knollen sollten im Frühherbst erntereif sein. Süßkartoffeln erntet man genauso wie normale Kartoffeln: Pflanzen mit einer Grabegabel aushebeln und in der Erde nach den Knollen suchen.

Auf gutes Gedeihen

Die Süßkartoffel ist noch frostempfindlicher als ihre entfernte Verwandte, die Kartoffel, und muss vor Minustemperaturen geschützt werden. In kalten Gegenden kann man sie im Frühjahr und Frühherbst nur unter Abdeckungen wie einem Vlies oder Wuchsglocken ziehen. Lediglich in sehr mildem Klima darf sie ohne Schutz draußen wachsen. Gut aufgehoben ist sie in Töpfen und Hochbeeten, auf Balkonen, Dachgärten und sogar Terrassen, sofern sie dort viel Sonne hat.

Hack Nr. 08

Zuckermais

vom Korn zum Kolben

Dieser Hack ist genau richtig für alle, die im Sommer gern einen frischen Maiskolben auf den Gartengrill werfen. Kolben findet man den ganzen Sommer hindurch in den Läden. Will man sie selbst heranziehen, ist es am einfachsten, ihre Kerne für die nächste Saison zu trocknen – dann habt ihr auf ewig Zuckermais der Marke Eigenbau! Genauso lässt sich übrigens auch Puffmais für Popcorn vermehren.

Lasst die Kolben aus dem Supermarkt trocknen, bis die Körner (sie enthalten die Samen) hart sind und sich für die Aussaat eignen. Sobald sie trocken sind, lassen sie sich vom Kolben lösen. Ich finde, am einfachsten geht das, indem man den Kolben über eine Schüssel hält und mit dem Daumen darüberreibt, bis sich die Körner lösen und in die Schüssel fallen. So bekommt man Hunderte Samen, aber sofern man nicht ein ganzes Feld damit ansäen will, reicht eine Handvoll. Die getrockneten Körner kommen in einen Umschlag und werden bis zum Frühjahr an einem kühlen, trockenen Platz aufbewahrt.

Ihr braucht

- getrockneten Zuckermaiskolben
- kleine Pflanztöpfe oder leere Toilettenpapierrollen
- torffreie Universalerde

So geht's

01 Körner ein paar Wochen vor dem mutmaßlich letzten Frost 2–3 cm tief in mit torffreier Erde gefüllte Einzeltöpfe oder Toilettenpapierrollen stecken.

02 Sämlinge nach draußen pflanzen, sobald sie 10 cm hoch sind. Mais sollte nicht in Reihen, sondern gittermusterartig gepflanzt werden, weil dadurch die Bestäubungsrate steigt.

03 Bei Freilandaussaat die Körner draußen mit 40 cm Abstand zueinander direkt in einen unkrautfreien Bereich des Gartens säen.

04 Je 2 Körner in jedes »Quadrat« des Gitters säen, für den Fall, dass eines nicht aufgeht. Falls beide austreiben, schwächeren Sämling auszupfen.

05 Ab dem Hochsommer sollten die Körner an den Kolben reif werden. Guten Appetit!

Auf gutes Gedeihen

Mais verträgt keinen Frost, weshalb man mit dem Auspflanzen wartet, bis keine Minustemperaturen mehr zu erwarten sind. Bis die Körner keimen, vergehen ein paar Wochen, ihr sät sie daher am besten drei Wochen vor dem vermutlich letzten Frost in eurer Gegend aus. Mais kann mit 2 m recht hoch werden und ihr braucht idealerweise einen Garten, der mindestens neun Pflanzen Platz bietet, damit eine gute Bestäubung gewährleistet ist. Die Pflanzen werden vom Wind bestäubt, der auch wehen sollte.

Lass es krachen!

Puffmais ist eng mit Zuckermais verwandt und lässt sich fast genauso anbauen – nämlich, indem man ungepoppten Popcornmais aus dem Handel aussät. Die Kolben von Puffmais sehen ähnlich aus wie die von Zuckermais. Die Körner enthalten wesentlich mehr Stärke, schmecken dafür aber nicht so gut. Getrocknete Puffmaiskörner werden in Öl angebraten, um Popcorn daraus zu machen (man kann es auch mit einer Popcornmaschine herstellen). Zucker- und Puffmais sollte man nicht nebeneinander im gleichen Garten anbauen, da sie sich kreuzen können. Mit anderen Worten: Ihr bekämt vielleicht Popcornmais, der nicht poppt, und Zuckermais, der nicht süß ist!

Hack Nr. 09

Porree

aus dem Ansatz

Porree alias Lauch (*Allium porrum*) lässt sich aus Abfällen ziehen, die normalerweise in den Biomüll wandern würden. Was ich ihnen noch entlocke, schmeckt genauso gut wie die Ware aus dem Handel. Man kann Porree direkt im Freiland oder auf der Fensterbank kultivieren und kurzfristig ernten, wenn man ihn in der Küche braucht.

Porree ist ein Muss für alle, die gern Eigenes heranziehen, denn er gehört zu den wenigen Gemüsen, die selbst bei bitterer Kälte noch draußen bleiben können. Er ist winterhart, kann also im Winter im Beet bleiben, bis man ihn erntet. Dafür besteht er auf einer langen Saison; wer ihn also im Herbst und Winter – in einer Zeit also, in der er traditionell zum Einsatz kommt – genießen will, muss ihn schon im Frühjahr pflanzen.

Ihr braucht

- Porree
- scharfes Messer
- Glas oder Schale
- Pflanztopf
- torffreie Universalerde
- Pflanzholz oder Handschaufel (optional)

So geht's

01 Vom unteren Ende der Stange ein rund 2 cm langes Stück mit dem Messer abschneiden. Den Rest wie geplant in der Küche verwerten.

02 Den Ansatz in ein 1 cm hoch mit Wasser gefülltes Glas legen und auf eine sonnige Fensterbank stellen. Wasser regelmäßig nachfüllen, sodass es immer 1 cm hoch steht.

03 Der Ansatz wird bald Wurzeln und einen Trieb bilden. Sobald der Miniporree 10 cm hoch ist, wird er so tief in Erde gepflanzt, wie er zuvor im Wasser gestanden hat. An einen sonnigen Platz stellen.

Porree als Trockenblume

Porree ist eine Staude, obwohl er meist einjährig kultiviert wird. Lässt man ihn draußen in der Erde, bildet er in der nächsten Saison weitere Stangen. Hier mein Tipp: Lasst den Porree blühen, denn er bildet riesige Samenstände, die ihr trocknen und drinnen als beeindruckende Trockenblumen präsentieren könnt. Natürlich lassen sich auch die Samen sammeln, um im nächsten Jahr frischen Lauch damit anzusäen.

04 Wer Porree im Freiland ziehen möchte, sollte mit einem großen Pflanzholz oder einer Handschaufel ein etwa 5 cm tiefes und 3 cm breites Loch in die Erde stechen.

05 Porree in das Loch setzen und die Erde um die Stange herum vorsichtig mit Gießwasser in das Loch »waschen«. Auch nach dem Einwachsen weiter regelmäßig wässern.

Auf gutes Gedeihen

Warum »wäscht« man Erde in das Pflanzloch? Die hineingespülte Erde hat eine lockere Konsistenz, sodass die Stange leicht einwurzeln und ohne großen Widerstand dicker werden kann. Zudem sollte man den Porree etwas tiefer pflanzen, damit die Stange im unteren Teil gebleicht wird, also weiß und saftig bleibt – ganz so wie die Exemplare aus dem Supermarkt. Sonnenlicht dagegen lässt sie grün werden.

Hack Nr. 10

Salatblätter

aus Möhrengrün

Möhren werden natürlich eigentlich wegen ihrer Wurzeln mit dem süßen, erdigen Geschmack gezogen. Aber auch das grüne Laub ist essbar. Es schmeckt ähnlich wie Petersilie. Um Blätter ernten zu können, müsst ihr Möhren im offenen Bündel mit noch vorhandenem Schopf kaufen.

Die beste Zeit, um Möhrengrün anzubauen, damit es Salatblätter liefert, ist das Frühjahr, wie ich festgestellt habe. Denn dann können die Pflänzchen direkt ins Freiland gesetzt werden, sofern man Platz dafür hat. Wer sich aber für den Herbst entscheidet, setzt sie am besten drinnen in Töpfe und stellt sie an einen sonnigen Platz. Hält man sie warm, sollten sie den Winter überdauern und im folgenden Frühjahr weiter Laub austreiben. Dass die eingepflanzten Schöpfe noch einmal eine richtige Möhre bilden, ist zwar unwahrscheinlich, dennoch haben mir einige Follower in den sozialen Medien geschrieben, es sei ihnen gelungen. Probieren lohnt sich also.

Ihr braucht

- drei Möhren
- scharfes Messer und Schere
- Topf mit Abzugslöchern
- torffreie Universalerde

So geht's

01 Von den Möhren ein 2 cm langes Stück vom oberen Ende mitsamt dem Grün abschneiden. Das Laub auf 1 cm zurückstutzen.

02 Topf oder anderes Gefäß mit torffreier Universalerde füllen und die Stücke einpflanzen, sodass sich der Wurzelhals auf Höhe der Erdoberfläche befindet. Auf die Fensterbank oder – im Sommer – nach draußen stellen.

03 Innerhalb weniger Tage sollte frisches Möhrengrün aus dem oberen Wurzelende sprießen.

04 Zieht man die Möhren draußen im Topf, die Stücke so tief wie unter Bild 02 beschrieben pflanzen und den Topf in die volle Sonne stellen.

Auf gutes Gedeihen

Man kann die Möhrenenden im Frühjahr oder Sommer auch direkt ins Freiland setzen. Sie brauchen jedoch leichte Böden und können in schwerem Ton faulen. Hat man Tonböden, zieht man sie am besten in Töpfen.

05 Wenn das Möhrengrün etwa 10 cm hoch ist, kann es geerntet und wie Petersilie verwendet werden. Die Möhren sollten den ganzen Sommer hindurch noch etwas Laub bilden.

Kraut und Rüben

Die Methode funktioniert auch mit Roter Bete – ihr Laub liefert zarte Salatblätter. Die Beten kauft man im Bündel mit Laub, das man bis auf einen 1 cm langen Stiel entfernt (man kann das Laub in der Küche verwenden). Dann schneidet man die oberen 3 cm der Rübe ab. Dieses Stück kommt bündig mit der Erdoberfläche in torffreie Universalerde. Den Topf stellt ihr auf eine Fensterbank, im Sommer auch nach draußen.

Hack Nr. 11

Rotkohl

aus dem Strunk

Rotkohl gehört zu den Kopfkohlen und ist einer der auffälligsten Farbtupfer im Gemüsebeet. Wenn er nicht rot aussieht, sondern eher violett, liegt das daran, dass die Farbe entsprechend dem pH-Wert des Bodens variiert. In sauren Böden (mit niedrigem pH-Wert) fallen die Blätter in der Regel rot aus, während sie in neutralen und alkalischen Böden (mit hohem pH-Wert) eher ins Violette schlagen.

Kopfkohl ist eine ziemlich hungrige Pflanze, deshalb muss man vor dem Einpflanzen des Strunks viel organische Substanz wie zum Beispiel Gartenkompost oder Stallmist in den Boden einarbeiten. Wer ihn drinnen im Topf zieht, muss ihn während des Wachstums ein- bis zweimal die Woche mit einem ausgewogenen Flüssigdünger verwöhnen. Man kann den Kohl draußen überwintern lassen, er blüht im nächsten Jahr und setzt dann Samen an. Wenn Ihr keine F1-Hybridsorte gekauft hattet, könnt ihr die Samen ernten und in der nächsten Saison wieder aussäen; sie wachsen dann wie die Mutterpflanze zu einem festen Kopf heran.

Ihr braucht

- Rotkohl
- scharfes Messer
- flachen Teller
- Pflanztopf
- torffreie Universalerde

Vom Frühjahr bis zum Herbst sollte der Strunk mehrmals frisches Laub ansetzen.

So geht's

01 Das untere Ende des Kopfs etwa 2 cm dick abschneiden und in einen Teller oder ein Glas mit 1 cm Wasser legen. Auf eine sonnige Fensterbank stellen.

02 Wasser alle paar Tage wechseln; bleibt es frisch, bilden sich schneller Wurzeln. Nach 1–2 Wochen sollten aus dem Strunk frische Blätter austreiben.

03 Strunk nun in torffreie Erde pflanzen. Weiter auf der Fensterbank stehen lassen.

Auf gutes Gedeihen

Die Pflanze muss bei Trockenheit gut gewässert werden. Es bildet sich nicht mehr wie bei der Mutterpflanze ein fester Kopf, sondern ein loser Blattschopf, der nach dem Ernten immer wieder neu austreiben sollte. Schneidet das Laub daher regelmäßig ab, damit ihr den ganzen Sommer hindurch bis in den Herbst hinein mit frischen Kohlblättern versorgt werdet.

04 Möglich ist auch eine Kultur im Freiland. Strunk etwa 1 cm tief setzen. Werden mehrere Exemplare gepflanzt, rund 30 cm Abstand dazwischen lassen.

Bonus

Andere Mitglieder der Kohlfamilie lassen sich mit der gleichen Methode vermehren, beispielsweise Pak Choi, Wirsing, Grünkohl und Chinakohl. Ich habe sogar einen Brokkolistrunk zum Einwurzeln gebracht, wenngleich es nicht ganz einfach war. Auch Kopfsalat aus dem Supermarkt kann man auf diese Weise nachwachsen lassen.

Hack Nr. 12

Kürbisse *aus den Kernen*

Kürbisse gehören zum beliebtesten Herbstgemüse. Wer die Samen sammelt, kann sich im nächsten Jahr seine eigene Kürbisse heranziehen und braucht nie mehr welche zu kaufen. Besonders beliebt sind die Halloween-Kürbisse zum Schnitzen.

Kürbisse sind ganz leicht aus Samen zu vermehren, die man aus dem Fruchtfleisch herauskratzen kann. Die kletternden oder kriechenden Pflanzen wachsen bei uns nur einjährig, müssen also jedes Jahr frisch ausgesät werden, um Früchte zu tragen. Die Kürbisvermehrung besteht aus zwei Etappen: einmal aus der Herbstetappe, wenn die Samen gesammelt und anschließend ein halbes Jahr aufbewahrt werden müssen, und der zweiten Etappe im Spätfrühling, wenn man sie aussät. Wer einen Halloween-Kürbis möchte, kauft ihn im Herbst, denn in dieser Zeit ist er normalerweise erhältlich.

Ihr braucht

- Kürbis
- scharfes Messer
- Sieb
- Küchenpapier
- Pflanztöpfe mit 9 cm Durchmesser
- torffreie Universalerde

Microgreens

Kürbispflanzen werden groß und ausgreifend. Wenn man sie ziehen will, braucht man daher viel Platz im Freiland. Allerdings kann man sie auch als Microgreens bzw. Keimlingsgemüse kultivieren. Dazu streut ihr einfach ein paar Samen in eine Saatschale mit torffreier Universalerde und stellt sie in ein sonniges Fenster. Nach ein paar Wochen bilden sich Sprossen und Blätter, die man als Salat verwerten kann.

So geht's

01 Kürbis halbieren – oder die obere Hälfte abschneiden, wenn man ihn zu Halloween schnitzen möchte – und einige Samen herauskratzen.

02 Samen in ein Sieb geben und spülen, um so viel Fruchtfleisch wie möglich wegzuwaschen. Ein paar Stunden auf Küchenpapier trocknen.

03 Die trockenen Samen in einen Briefumschlag geben, beschriften und bis April an einem kühlen, trockenen Platz aufbewahren. Dann können sie ausgesät und im Spätfrühling oder Frühsommer ins Freie gepflanzt werden.

04 Je einen Samen in einen 9-cm-Topf mit torffreier Universalerde stecken. Am besten 2–3 cm tief und hochkant stecken, da sich sonst auf der breiten Seite Wasser sammelt, wodurch die Samen faulen können.

05 Sobald die Setzlinge 10 cm groß sind, in fruchtbare Erde nach draußen pflanzen (siehe Kasten). Sie brauchen viel Platz, wenn ihr mehrere pflanzt, lasst reichlich Abstand zwischen ihnen, mindestens 1 m.

06 Kürbisse können auch an Rankgittern, Zäunen und Mauern hochgezogen werden. Dazu bindet ihr die Triebe mit Schnüren fest. Die Früchte brauchen evtl. eine zusätzliche Stütze, da sie sehr schwer werden.

Auf gutes Gedeihen

Kürbisse sind nicht winterhart, daher dürfen die Setzlinge erst ins Freiland, wenn kein Frost mehr droht, was bei uns meist ab Ende Mai der Fall ist. Sie bevorzugen nährstoffreiche, fruchtbare Böden. Vor dem Einpflanzen solltet ihr deshalb reichlich organische Substanz in den Boden einarbeiten. Zwischen den einzelnen Pflanzen sollte mindestens 1 m Abstand bleiben, am besten sogar noch mehr. Die Triebe wachsen kriechend, doch kann man sie auch an einer Rankhilfe hochziehen, um Platz zu sparen. Wer zu Halloween besonders große Kürbisse bekommen möchte, lässt nur 2–3 Früchte an der Pflanze und zwickt die anderen ab. Wichtig ist, den Wurzelraum wöchentlich mit Flüssigdünger (ein handelsüblicher Tomatendünger reicht) zu wässern, sobald im Spätsommer die Blüten erscheinen. Wenn der Herbst naht, kann man eine Pflasterplatte unter die schweren Früchte legen, damit sie nicht durch den Bodenkontakt faulen.

Kräuter und Gewürze

Hack Nr. 13

Minze

aus Stecklingen

Die traditionelle Pfefferminze (*Mentha × piperita*) steht wegen ihrer Blätter mit erfrischendem Geschmack hoch im Kurs. Sie lässt sich leicht aus Zweiglein ziehen, die man im Supermarkt bekommt. Kauft die frischesten Exemplare, die ihr bekommen könnt – erkennbar am fernsten Ablaufdatum. Neben der allgegenwärtigen Pfefferminze gibt es noch viele weitere Minzen. Ich ziehe in meinem Garten Ingwer-, Erdbeer-, Schoko- und sogar Bananenminze.

Ich habe eine gute und eine schlechte Nachricht. Die gute: Minze ist sehr leicht zu ziehen. Die nicht so gute: Minze ist fast zu leicht zu ziehen. Wenn man nicht aufpasst, kann sie den ganzen Garten in Beschlag nehmen, denn sie breitet sich über unterirdische Rhizome aus – das sind wüchsige, wurzelartige Sprossachsen, die oberflächennah wachsen. Wegen ihrer Tendenz zum Wuchern ziehe ich Minze immer im Pflanzgefäß und pflanze sie nie ins Freiland. Im Gegensatz zu vielen Küchenkräutern, die es eher trocken mögen, bevorzugt Minze leicht feuchte Böden. Vergesst also nicht, sie im Sommer regelmäßig zu wässern.

Ihr braucht

- frische Minzetriebe
- scharfes Messer
- Glas oder Schale
- 9-cm-Pflanztöpfe
- torffreie Universalerde
- Töpfe zunehmender Größe

Auch andere Minzearten wie die Grüne Minze oder die Apfelminze lassen sich auf diese Weise vermehren.

So geht's

01 Von den unteren zwei Dritteln die Blätter entfernen: Das geht ganz einfach, indem man den Stängel zwischen Daumen und Zeigefinger hindurchzieht. Blätter verwerten.

02 Mit einem Messer das Triebende knapp unter einem Knoten (einem verdickten Teil des Triebs) abschneiden.

03 Die Stecklinge in ein Glas Wasser stellen. Die untersten 2 cm müssen im Wasser stehen.

04 Glas auf eine sonnige Fensterbank stellen und alle paar Tage Wasser nachfüllen. Nach 2–3 Wochen sollten sich am unteren Ende des Stecklings Wurzeln bilden.

05 Die Stecklinge einzeln in 9-cm-Töpfe mit torffreier Universalerde pflanzen. Auf eine Fensterbank oder draußen auf die Terrasse stellen.

06 Pflanzen mit der Zeit eventuell in größere Töpfe umsetzen, falls sie kräftig zulegen. Minze nach 2–3 Jahren aus dem Topf nehmen, in kleinere Horste teilen und separat einpflanzen.

Auf gutes Gedeihen

Behaltet eure Minzestauden im Auge, damit sie sich nicht ausbreiten. Ich habe schon gesehen, wie Minze, die im Topf in Rabatten versenkt wurde, damit sie sich nicht ausbreitet, sich trotzdem aus den Abzugslöchern gestohlen hat und neben den Töpfen aufgetaucht ist. In Pflanzgefäßen ist sie oft kurzlebig, ich schlage daher vor, dass ihr sie regelmäßig teilt oder durch Stecklinge vermehrt, damit ihr lückenlos versorgt werdet.

Hack Nr. 14

Chilis

oder Paprika aus Samen

Die Samen von Chilis und ihren milderen Verwandten, den Gemüsepaprika, sind keimfreudig und liefern mir in meinem Garten jedes Jahr mit großer Zuverlässigkeit farbenfrohe Schoten. Die Zahl der Chilisorten geht in die Hunderte, aber im Supermarkt bekommt man nur wenige. Ich gehe daher gern im Sommer auf Bauernmärkte, um dort ungewöhnliche Sorten aufzutreiben, die ich dann vermehren kann.

Chilis brauchen lange für ihre Entwicklung und sollten daher schon im Spätwinter oder Vorfrühling ausgesät werden. Wenn ihr ein Gewächshaus habt oder sie drinnen ziehen könnt, schlage ich vor, sie bereits im Januar auszusäen, damit sie frostfrei einen Frühstart hinlegen können. Solltet ihr jedoch vorhaben, sie draußen in Pflanzgefäßen oder sogar im Freiland zu kultivieren, wartet mit dem Aussäen lieber bis März, sonst sind sie zu früh bereit für den Umzug ins Freie, können aber wegen der Kälte noch nicht hinaus. Gemüsepaprika werden wie Chilis vermehrt. Nehmt keine grünen Schoten, denn sie haben unreife Samen. Chilis gibt es zwar in vielen Farben, und manche Sorten werden traditionell auch grün gegessen, diese sind aber ebenfalls immer unreif.

Ihr braucht

+ scharfes Messer
+ frische Chili- oder Gemüsepaprikaschote
+ Küchenpapier
+ Saatschale
+ torffreie Universalerde
+ Plastiktüte oder Anzuchtkasten (siehe S. 13)
+ 9-cm-Pflanztöpfe

Mehrere Jahre Genuss

Chilis werden meist einjährig gezogen und nach dem Abernten im Frühherbst entsorgt. Allerdings sind sie botanisch gesehen Halbsträucher und daher mehrjährig. Wenn man sie vor den Herbstfrösten rechtzeitig nach drinnen bringt, darf man von ihnen im nächsten Jahr weitere leckere Schoten erwarten.

So geht's

01 Chili- oder Paprikaschote mit dem Messer halbieren; evtl. Handschuhe tragen. Einige kleine weiße Samen herauskratzen und eine Stunde zum Trocknen auf ein Küchentuch legen.

02 Saatschale mit torffreier Universalerde füllen. Samen gleichmäßig und mit 1 cm Abstand zueinander auf der Oberfläche verteilen.

03 Samen mit einer 1 cm dicken Erdschicht bedecken. In einen beheizten Anzuchtkasten stellen, der in einem hellen bzw. sonnigen Raum steht.

04 Ist kein Anzuchtkasten verfügbar, die Saatschale mit einem Plastikbeutel abdecken und drinnen an einen warmen, sonnigen Platz stellen. Die Samen keimen nach etwa 10 Tagen.

05 Sollen die Pflänzchen später ins Freie kommen, einzeln in Töpfe und schließlich in 9-cm-Töpfe setzen, sobald sie 10–12 cm hoch sind.

06 Auf eine sonnige Fensterbank stellen. Nach dem letzten Frost können die Pflänzchen mit 40 cm Abstand zueinander nach draußen umgesiedelt werden.

Auf gutes Gedeihen

Chilis brauchen einen geschützten Platz in der vollen Sonne. Man kann sie einzeln in 10- bis 12-Liter-Töpfen oder zu dritt in einem Pflanzsack ziehen. Im Gewächshaus oder auf der Fensterbank kommen sie nach dem Ausdünnen direkt in 10- bis 12-Liter-Töpfe. Höhere Chilis oder Paprika brauchen eventuell eine Stütze, sobald sie Früchte tragen. Chilis sind frostempfindlich und müssen daher im Herbst geerntet werden, bevor es kalt wird, um Frostschäden zu vermeiden.

Lagerung

Chilis werden am besten frisch genossen, doch kann man sie auch in der Sonne trocknen. Sogar einfrieren lassen sie sich. Sie verlieren zwar dadurch etwas die Form, bewahren aber Schärfe und Geschmack und lassen sich zum Aufpeppen von Speisen verwenden. Ich habe dieses Jahr nach zwei Jahren im Gefrierschrank einige Exemplare Trinidad Scorpion, Carolina Reaper und Chocolate Habanero aufgetaut und konnte manche Samen noch zum Keimen bringen.

Hack Nr. 15

Knoblauch

aus einer Zehe

Werden einzelne Knoblauchzehen in den Garten oder in Töpfe gepflanzt, reifen sie zu einer kompletten Knolle heran. Obwohl Knoblauch immer mit mediterranen Speisen in Verbindung gebracht wird, stammt er eigentlich aus Asien, möglicherweise aus Südwestsibirien. Das bedeutet, dass Knoblauch extrem winterhart ist und sogar im Herbst und Winter ausgepflanzt bleiben kann.

Knoblauch liegt in der Gemüsetheke im Supermarkt als Knolle aus. Jede Knolle besteht aus den typischen Zehen, wie wir sie kennen. Wenn man eine davon in Wasser, Erde oder Topferde steckt, bildet sie Wurzeln und Triebe und wird schließlich zu einer neuen Pflanze – eine kinderleichte Angelegenheit. In der Regel reift jede ausgepflanzte Zehe zu einer Knolle mit vielen neuen Zehen heran. So kann man die Zahl der Zehen bequem vervielfachen. Wenn ihr einige nach dem Ernten an einen kalten, dunklen Platz legt, könnt ihr sie sogar noch in der kommenden Saison auspflanzen. Kurzum: Eine Zehe reicht, um nie mehr Knoblauch kaufen zu müssen.

Ihr braucht

- Knoblauchknolle
- kleine Wasserschale
- Cocktailspießchen (optional)

So geht's

01 Eine gesunde, harte Knolle auswählen. Eine kleine Glasschale mit Wasser füllen und die Knolle so daraufstecken, dass der Knollenboden knapp über dem Wasser steht. Hat die Knolle viele Lagen von Häuten, schält man sie, ansonsten kann sie so bleiben, wie sie ist.

02 Ist die Knolle klein, vorsichtig je zwei Cocktailspießchen an gegenüberliegenden Enden seitlich in die Knolle drücken und die Spießchen auf den Schalenrand legen, damit die Knolle über dem Wasser schwebt. Glas auf eine warme, sonnige Fensterbank stellen.

03 Nach etwa 10 Tagen sollten sich an den Zehen unten Wurzeln und am oberen Ende Triebe bilden.

04 Knolle von der Wasserschale nehmen und in die einzelnen Zehen trennen.

05 Zehen mit 12 cm Abstand in einen großen Topf oder direkt ins Freiland stecken (siehe Kasten unten). Das obere Ende jeder Zehe muss sich etwas unter der Oberfläche befinden.

06 Bei Topfkultur die Pflänzchen gelegentlich wässern, falls es länger nicht regnet, aber nicht übertreiben, denn Knoblauch kann faulen, wenn es ihm zu feucht ist.

Auf gutes Gedeihen

Knoblauchzehen brauchen im Garten einen warmen, sonnigen Platz, damit sich daraus große Knollen entwickeln. Wichtig ist außerdem ein leichter Boden; wenn ihr also Tonböden habt, solltet ihr überlegen, ob ihr sie nicht im Topf zieht. Erntereif ist Knoblauch im Hoch- und Spätsommer, wenn die Blätter gelbbraun werden und umfallen – jede Zehe sollte sich dann zu einer Knolle entwickelt haben, die ihr vorsichtig aus der Erde ziehen könnt. Manche Sorten benötigen einen Kältereiz, um Knollen zu bilden. Ohne diesen bildet sich dann nur eine besonders große Zehe, die sich allerdings trotzdem zum Kochen verwenden lässt. Nach der Ernte profitieren Knoblauchknollen davon, wenn man sie ein paar Tage in die Sonne legt, damit sie trocknen und einen besseren Geschmack annehmen. Wer viele Knollen geerntet hat, kann die Blätter mehrerer Exemplare zu einem Zopf flechten und sie an einem kühlen, trockenen Platz zum Trocknen aufhängen.

Hack Nr. 16

Zitronengras
aus einem Halm

Wer die asiatische und insbesondere die thailändische Küche mag, kommt nicht ohne Zitronengras aus. Es verleiht Speisen eine zitruswürzige, pikante Note und ist außerdem ein regelrechter Hingucker. Ich mag die aufrechten, dicken Stangen und das blaugrüne, springbrunnenartige Laub. Zitronengras ist ein »Edimental«, also eine essbare Zierpflanze.

Zitronengras wird im Supermarkt oft in kleinen Bünden mit etwa 15–20 cm langen Stangen verkauft. Es lässt sich ganz leicht anbauen, vor allem in warmen Klimaregionen. Aber auch wenn ihr, wie ich hier in England, in einer kühleren Gegend wohnt, müsst ihr nicht zu verzagen. Für die Freilandkultur bräuchte Zitronengras zwar das ganze Jahr über ein tropisches Klima, doch es lässt sich im Topf ziehen und in den kühlen Monaten des Jahres nach drinnen bringen. Dort macht es sich auf einer sonnigen Fensterbank in der Küche als dekorative Zimmerpflanze sehr gut.

Ihr braucht

- Glas und dunkles Klebeband
- Zitronengrasstangen
- 9-cm-Pflanztöpfe
- torffreie Universalerde

Pflanzenwissen

Der botanische Name des Zitronengrases lautet *Cymbopogon citratus*. Seine ursprüngliche Heimat sind die Küstenregionen Südostasiens, doch wird es heute in den Tropen rund um den Globus angebaut. Das nicht winterharte Gras ist eine Staude und damit mehrjährig, überlebt aber keine winterlichen Temperaturen: Unter 10 °C geht es meist ein.

Schneidet euch nicht an den Blättern, wenn ihr sie erntet.
Dickere Stangen werden einfach abgebrochen. Dann entfernt man die äußere Hülle und hackt die Stangen in kurze Stücke.
Auch die dünneren, bandförmigen Blätter lassen sich ernten. Sie sind milder, schmecken aber ebenfalls zitronig.

So geht's

01 Ein dunkles Band, etwa ein Klebeband oder schwarzes Papier, um das Glas wickeln. Die Zitronengrasstangen brauchen es dunkel, wenn sie Wurzeln bilden sollen.

02 Unteres Ende einer Stange in 1cm Wasser stellen und 2 Wochen an einem sonnigen Platz stehen lassen. Wasser gelegentlich wechseln.

03 Irgendwann beginnt die Stange zu wachsen, während sich gleichzeitig am unteren Ende Wurzeln bilden. Es kann aber eine Weile dauern, bis es so weit ist.

04 Bewurzelte Stangen so in torffreie Universalerde pflanzen, dass der Teil, der vorher im Wasser stand, nun in der Erde steckt.

05 Zitronengras an einen warmen, sonnigen Platz stellen und im Auge behalten. Je nach Temperatur wöchentlich wässern, bei Hitze öfter.

Auf gutes Gedeihen

Die Erde unkrautfrei halten, damit das Zitronengras keine Nährstoffkonkurrenz bekommt. Das Gras muss im Winter nicht viel gewässert werden, während der Hauptsaison im Sommer braucht es jedoch einmal in der Woche eine ordentliche Dosis. Außerdem tut ihm ein Flüssigdünger alle paar Wochen gut. Lest aber vorher die Dosierhinweise.

Hack Nr. 17

Ingwer *aus den Wurzeln*

Ingwer gehört zu den wohlschmeckendsten Zutaten, die man zu Hause selbst ziehen kann. Seine dicken Rhizome bereichern Speisen um eine exotisch-würzige Komponente und er gibt eine hübsche Zimmerpflanze ab. Ingwer ist mehrjährig, liefert also Rhizome, solange man ihn kultiviert. Wer sich mit etwas Fürsorge um ihn kümmert, braucht nie wieder Ingwer zu kaufen.

Ingwer treibt aus unterirdischen Rhizomen aus, wie der Fachbegriff für die verdickten Wurzeln lautet. Normalerweise werden diese würzigen Speicherorgane in der Küche verwendet, obwohl sich auch die langen Blätter und Triebe hacken und als Zutat verwenden lassen. Sucht euch die dicksten und frischesten Rhizome, die ihr im Handel findet. Wer genau hinsieht, erkennt an manchen kleine verdickte Knoten unter der Oberfläche. Dabei handelt es sich um schlafende Knospen, die austreiben, wenn man die Stücke einpflanzt.

Ihr braucht

- scharfes Messer
- frischen Ingwer
- kleinen Pflanztopf oder Saatschale
- torffreie Universalerde
- Perlit (optional)
- größeren Topf, um Ingwer weiterzukultivieren (optional)

Neben den scharfen Wurzeln können auch die Blätter und Triebe verwendet werden.
Die Erde darf nicht austrocknen.

So geht's

01 Die Ingwerrhizome mit einem scharfen Messer vorsichtig in 3–5 cm lange Abschnitte teilen.

02 Topf oder Saatschale zu zwei Dritteln mit torffreier Universalerde füllen. Perlit verbessert die Durchlässigkeit, ist aber nicht unbedingt nötig.

03 Die einzelnen Rhizomstücke auf die Oberfläche der eingefüllten Erde legen. Die kleinen, knotigen Auswüchse unter der Haut müssen nach oben zeigen.

04 Stücke bis fast unter den Topfrand mit Erde bedecken. An einen warmen Platz stellen, damit die Rhizome Wurzeln bilden. Erde wässern, falls sie sich trocken anfühlt.

Auf gutes Gedeihen

Ingwer stammt aus Südostasien und ist an tropisches Klima angepasst, verträgt also keine Kälte und schon gar keinen Frost. In unserem kühlen Klima muss man Ingwer drinnen an einem warmen Platz ziehen. Im Sommer kann der Topf aber draußen in den Halbschatten gestellt werden. Vergesst nur nicht, ihn wieder ins Haus zu bringen, bevor die Temperaturen im Herbst in den Keller sinken.

05 Es dauert in der Regel ein Jahr, bis Ingwer erntefähige Rhizome gebildet hat. Dazu nimmt man die Pflanze aus dem Topf und schneidet ein Stück vom Rhizom ab. Danach pflanzt man den Ingwer wieder ein und füllt bei Bedarf Erde nach.

Kurkuma

Wer mit Ingwer Erfolg hat, kann sich auch an Kurkuma versuchen. Kurkuma wird exakt wie Ingwer über Rhizomstücke vermehrt. Nicht alle Supermärkte haben frische Kurkuma im Sortiment, aber in manchen Gemüseläden und Reformhäusern findet man sie. Kauft nur die dicksten, frischesten Rhizome. Kurkuma ist wie Ingwer mehrjährig, obwohl das Laub im Winter einzieht. Zwischen Frühherbst und Spätfrühling muss die Pflanze drinnen stehen.

Hack Nr. 18

Koriander

durch Teilen

Wer die asiatische Küche mag, sollte definitiv versuchen Koriander anzubauen. Das Kraut ist vollgepackt mit aromatischen Geschmacksnuancen. Es darf in keinem Garten fehlen, ob wegen der würzigen Samen oder der sellerieartigen Stiele und Blätter.

Wer einen Topf mit Koriander kauft, macht das Geschäft seines Lebens, denn für den Preis einer Pflanze bekommt man letztlich Hunderte potenzieller Setzlinge. Die Gärtnereien, die Supermärkte mit Koriandertöpfen beliefern, füllen einfach ein kleines Pflanzgefäß mit Erde und streuen Samen darauf. Nach dem Aufgehen kommen sie in die Verkaufsregale und sehen aus wie ein großer Korianderbusch, der aber in Wirklichkeit aus zahlreicher kleinen Sämlingen besteht. Nachteil dieser Methode: Lange überleben so viele Setzlinge dicht gedrängt in einem kleinen Topf nicht.

Abhilfe schafft man, indem man den Korianderbusch »teilt«, also den aus Wurzeln vieler Stecklinge bestehenden Ballen in lauter kleine Abschnitte trennt.

Ihr braucht

- Korianderpflanze im Topf
- 4–6 Pflanztöpfe
- torffreie Universalerde

Koriander ist mit seinem charakteristischen Geschmack aus vielen asiatischen Gerichten nicht wegzudenken.

Wässert Koriander gut, damit er nicht vorzeitig Samen ansetzt.

So geht's

01 Gesamten Korianderhorst aus dem Topf holen.

02 Den Ballen vorsichtig mit den Fingern auseinanderziehen. Die Wurzeln müssen dabei so unversehrt wie möglich bleiben. Jeder Horst sollte sich in 4–6 bewurzelte Abschnitte teilen lassen.

Kräuter teilen

Folgende Kräuter, die man oft im Supermarkt in Töpfen bekommt, lassen sich gut teilen: Minze, Basilikum, Estragon und Thymian.

Was ist schon ein Name?

Koriander wird mitunter auch Arabische Petersilie genannt, da der Geschmack ein bisschen an dieses Kraut erinnert. Wir nennen sowohl die Blätter und Triebe als auch die Samen »Koriander«. In Amerika hingegen heißt das Laub *cilantro*, während die Samen *coriander* genannt werden.

03 Jeden Abschnitt in einen eigenen Topf pflanzen. Erde um die Wurzeln herum einfüllen und festdrücken.

04 Pflänzchen auf eine sonnige Fensterbank stellen und gut wässern (siehe Kasten unten). Ab Mai kann man sie auch draußen an einen sonnigen Platz in durchlässige Erde setzen.

Auf gutes Gedeihen

Koriander ist ein einjähriges Kraut, setzt also am Ende der Saison Samen an und geht dann ein. Ist es ihm zu heiß und trocken, kann er »schossen«, d. h. vorzeitig Samen bilden, sodass er nicht einmal eine Saison durchhält. Wenn man seine Pflanzen gut wässert, sollten sie aber den Sommer über durchhalten. Schneidet Triebe und Blätter regelmäßig ab, damit die Pflanze neue ansetzt. Wer Koriandersamen braucht, stutzt die Pflanzen nicht mehr zurück, sondern lässt sie blühen und schließlich Samen bilden. Letztere können in der Küche verwendet oder im Frühjahr wieder ausgesät werden, um neue Pflanzen zu liefern.

Sobald die Samen geerntet sind, kann man die Pflanzen auf den Komposter werfen. Habt ihr sie im Freiland kultiviert, lasst ihr sie einfach im Boden absterben. Die Chancen stehen gut, dass die Samen, die von der abgestorbenen Pflanze fallen, im folgenden Frühjahr keimen und zu neuen Exemplaren heranwachsen.

Vom Obst-stand

Hack Nr. 19

Erdbeeren
aus frischen Samen

Erdbeeren schmecken nach Sommer. Die Pflanzen selbst bleiben klein, selbst wer draußen also nur ein bisschen Platz hat, kann sie selbst ziehen – ob in Ampeln oder Kästen. Mit ihrem niedrigen Wuchs und den weißen Blüten sind sie echte Frühjahrsbeautys.

Erdbeeren werden in zwei Gruppen unterteilt. Die großfrüchtigen Gartenerdbeeren tragen im Frühsommer, meist im Juni. Dann gibt es noch die »immertragenden« Monatserdbeeren, die in der Regel vom Sommer bis in den Herbst hinein kleinere Früchte ansetzen. Bei den meisten Supermarkterdbeeren handelt es sich um Gartenerdbeeren. Botanisch gesehen ist die Erdbeere gar keine Beere, sondern eine Sammelfrucht, denn die winzigen gelben oder grünen Samen sitzen auf der Oberfläche. Nicht alle Sorten sind samenecht, weshalb sich selbst gezogene Erdbeeren von der Mutterpflanze unterscheiden können. Manche bilden nicht einmal Früchte. Aber mit etwas Glück gelingt es, sodass ihr jeden Sommer Unmengen ernten könnt.

Ihr braucht

- Erdbeeren
- scharfes Messer
- Küchenpapier und Teller
- Saatschale
- torffreie Universalerde
- Anzuchtkasten (optional, siehe S. 13)
- 9-cm-Töpfe

Warum werden Erdbeeren mit Stroh unterlegt?

Auf Erdbeerfeldern sieht man oft Unmengen Stroh unter den Pflanzen. Das hat mehrere Gründe. Die Erdbeeren liegen so nicht direkt auf dem feuchten Boden auf, weshalb sie weniger schnell faulen. Außerdem verringert Stroh die Verdunstung von Bodenfeuchtigkeit.

Immertragende Monatserdbeeren setzen ständig neue Früchte an.

Erdbeeren machen sich mit ihren hängenden Ausläufern sehr gut in Blumenampeln.

So geht's

01 Von der Erdbeeroberfläche dünne Scheiben abschneiden und auf ein Papierküchentuch legen.

02 48 Stunden trocknen lassen, dann mit dem Finger vorsichtig darüberstreichen. Die winzigen Samen sollten sich nun von der getrockneten Schale lösen. Samen auf ein feuchtes Küchentuch aus Papier klopfen.

Auf gutes Gedeihen

Erdbeeren brauchen Sonne. Sobald sie Früchte ansetzen, unterpolstert man sie mit Stroh oder einem anderen natürlichen, weichen Material, damit die Früchte nicht durch den Kontakt mit dem Boden faulen. Vögel lieben Erdbeeren fast so sehr wie wir, weshalb man sich manchmal überlegen muss, wie man sie von ihnen fernhält. Eine Möglichkeit besteht darin, Steine rot anzumalen und in die Nähe der Pflanzen zu legen, bevor die Beeren reif sind. Die Vögel werden von den Steinen angelockt, aber sobald sie merken, dass sie ungenießbar sind, lassen sie von ihnen ab und interessieren sich auch dann nicht mehr für das Beet, wenn die echten Früchte schließlich reif und rot werden.

03 Eine Saatschale zur Hälfte mit torffreier Universalerde füllen. Das Papierküchentuch mit den Erdbeersamen obenauf legen und mit einer 1 cm dicken Erdschicht bedecken.

04 Samen drinnen auf eine sonnige Fensterbank stellen und alle paar Tage wässern. Geduld – es kann dauern, bis sie keimen; ich musste einmal zwei Monate warten (evtl. einen Anzuchtkasten verwenden, siehe S. 13).

05 Sobald Sämlinge zu sehen sind, die Pflänzchen pikieren und in 9-cm-Töpfe vereinzeln, damit sie ungehindert wachsen können.

06 Im Frühjahr die Erdbeerstauden mit 30 cm Abstand direkt ins Freiland oder aber in Blumenampeln und Gefäße pflanzen.

Hack Nr. 20

Zitronenbaum *aus einem Kern*

Einen Hauch italienisches Flair bringt man mit dieser dekorativen Zitruspflanze auf die Terrasse oder in den Wintergarten. Zitronen liefern Zutaten für einen Gin Tonic oder erfrischende Limonade. Als Bonus gibt's duftende Blüten dazu.

Für dieses Projekt braucht es Geduld. Zitronenbäume lassen sich mit dem Fruchten ein paar Jahre Zeit, wenn man sie aus Kernen vermehrt. Da es sich um Sämlinge handelt, besteht sogar ein geringes Risiko, dass sie nie Früchte ansetzen. Deshalb sollte man mehrere Kerne aussäen, um die Chancen zu erhöhen. Das Heranziehen macht viel Spaß und selbst wenn die Bäumchen letztlich keine Früchte liefern, sind sie dennoch hübsche immergrüne Zierpflanzen für Haus und Garten. Die meisten Zitronen aus dem Supermarkt enthalten zwar Kerne, bei manchen aber fehlen sie. Je größer die Früchte in der Regel sind, desto wahrscheinlicher ist es, dass sie Kerne haben.

Ihr braucht

- Zitrone mit Kernen
- scharfes Messer
- 9-cm-Pflanztöpfe
- torffreie Universalerde
- durchsichtige Plastiktüten/Gefrierbeutel
- Anzuchtkasten (optional, siehe S. 13)
- Töpfe zunehmender Größe
- Zitruspflanzenerde (optional)

Limetten, Orangen, Clementinen, Mandarinen, Satsumas und die meisten anderen Zitrusfrüchte lassen sich exakt wie Zitronen aus Kernen vervielfältigen.

Falls die kleinen grünen Früchte viel Sonne abbekommen, werden sie reif und gelb.

So geht's

01 Zitrone aufschneiden und die kleinen weißen Kerne herausholen. Kerne 24 Stunden in Wasser legen, damit die Schale weich wird.

02 Schale öffnen, um die kleineren Samen darin freizulegen. Wem das zu viel Fummelei ist, der pflanzt sie einfach mit Schale – es dauert dann eben länger, bis sie keimen.

03 9-cm-Topf mit torffreier Universalerde füllen und Samen 2 cm tief pflanzen. Durchsichtigen Plastikbeutel über den Topf stülpen, um für Wärme und hohe Luftfeuchtigkeit zu sorgen.

04 Topf auf eine sonnige Fensterbank, im Winter evtl. in einen Anzuchtkasten oder auf ein Brett über einem Heizkörper stellen. Nach ein paar Wochen sollten sich Sämlinge zeigen.

05 Beutel entfernen. Setzlinge in einen größeren Topf umpflanzen, sobald sie etwa 12 cm hoch sind. Es lohnt sich nun auch, von Universalerde auf spezielle Zitruserde umzusteigen, da sie besser für Zitruspflanzen geeignet ist.

Auf gutes Gedeihen

Zitronenbäume sind nicht winterhart. Ältere Exemplare werden am besten in Töpfen kultiviert, damit man sie im Winter nach drinnen bringen kann, falls sie draußen nicht frostfrei stehen. Auch vertragen sie keine starken Temperaturschwankungen. Wenn man sie in die Wohnung stellt, bevor es kalt wird, sollte man sie nicht neben Heizkörpern oder anderen Wärmequellen platzieren, da sie sonst ihr Laub abwerfen. Von Frühjahr bis Herbst werden sie monatlich mit Zitruspflanzendünger verwöhnt.

Pflanzenwissen

Zitronen stammen aus dem Mittelmeerraum und sind eigentlich immergrüne Sträucher, also kleinere Gehölze als Bäume, und werfen ihr Laub im Winter nicht ab. Aus ihren kleinen, weißen, duftenden Blüten reifen nach dem Befruchten saftige gelbe Früchte. Ihre botanische Bezeichnung lautet *Citrus × limon*. Das »×« in der Mitte bedeutet, dass die heute angebauten Zitronen Hybriden zweier wilder Zitrusarten sind, zwischen denen vor langer Zeit eine Kreuzung stattgefunden hat.

Hack Nr. 21

Pflaumen
aus dem Stein

Pflaumen reifen zum Ende des Sommers und im Herbst. Um diese Zeit findet man sie vermehrt im Handel. Die Bäume wachsen zu mittelgroßen Gehölzen heran. Wer sie pflanzen möchte, braucht also schon etwas Platz im Garten. Allerdings kann man sie klein halten, indem man sie in Töpfen auf der Terrasse zieht.

Unter Pflaumen verstehen die meisten von uns diese rotvioletten, eiförmigen Früchte, doch gibt es Hunderte von Sorten in allen Größen und Farben, darunter Weiß, Grün, Blau, Gelb, Goldorange und fast Schwarz. Wer sie vermehrt, braucht Geduld – es kann einige Jahre dauern, bis ein Exemplar Früchte trägt. Weil die Setzlinge sich außerdem immer von der Elternpflanze unterscheiden, weiß man nicht, was man bekommt. Trotzdem macht es einen Riesenspaß, Pflaumen heranzuziehen – sie sind mein Lieblingsobst. Mit etwas Glück erhält man beim Aussäen eines Steins sogar eine faszinierende neue Sorte, die es noch nicht gibt. Pflaumen profitieren von einem zweiten Baum in der Nähe, sind aber auch selbstfruchtbar. Wer Platz hat, sollte gleich ein paar kleine Bäumchen heranziehen.

Ihr braucht

- scharfes Messer
- frische Pflaumen
- Hammer
- 9-cm-Pflanztöpfe
- torffreie Universalerde

So geht's

01 Eine Pflaume mit dem Messer halbieren und den Stein herausholen. Der Samen befindet sich im Stein. Die harte Schale daher vorsichtig knacken und ihn herausholen.

02 Wem das zu viel Arbeit ist, der kann den Stein auch intakt lassen, allerdings dauert die Keimung dann wesentlich länger, da der Keimling erst die Hülle durchbrechen muss.

03 Den 9-cm-Topf bis fast unter den Rand mit torffreier Erde füllen. Samen mit dem Finger 2 cm tief in die Erde stecken. Das Loch wieder mit Erde füllen, sodass der Samen bedeckt ist.

04 Topf nach draußen stellen und regelmäßig wässern. Pflaumensamen brauchen einen Kältereiz, um zu keimen, daher muss der Topf den Winter über ins Freie.

05 Im Frühjahr sollte der Samen austreiben. Das Frühjahr und den Sommer hindurch wässern. Im Frühherbst ist der Setzling normalerweise groß genug, um ins Freiland oder größere Töpfe umziehen zu können.

Auf gutes Gedeihen

Pflaumenbäume lieben einen warmen, geschützten, sonnigen Standort. Sie lassen sich als frei stehender Baum ziehen. Weil sie früh blühen, sind ihre Blüten frostgefährdet. Daher lohnt es sich, sie vor einer Süd- oder Südwestmauer zu platzieren, wo sie ein bisschen zusätzliche Wärme und Schutz vor Minustemperaturen haben. Im Gegensatz zu anderen Obstbäumen vertragen Pflaumen einen Schnitt nicht gut. Man greift am besten nur zur Säge, wenn die Krone verdichtet ist oder überkreuzte, beschädigte oder kranke Äste entfernt werden müssen. Am besten geschieht das während der aktiven Wachstumsphase zwischen dem Frühjahr und dem Spätsommer.

Bleibt in der Familie

Pflaumen gehören zur Gattung *Prunus*. Die hier beschriebene Vermehrungsmethode eignet sich auch für deren andere Mitglieder, also etwa Kirschen, Aprikosen, Pfirsiche, Nektarinen, Hafer- bzw. Kriechen-Pflaumen, Zwetschgen, Renekloden und Mandeln. Pfirsiche und Nektarinen brauchen es besonders warm.

Hack Nr. 22

Äpfel

aus einem Kern

Allein in Deutschland gibt es rund 2000 Apfelsorten, doch leider bekommt man im Supermarkt nur eine Handvoll davon. Indem man die Kerne einiger der bekanntesten Sorten vermehrt, kann man allerdings eine eigene Sorte bekommen. Einige der schmackhaftesten Äpfel der Welt entstanden als Zufallssämlinge. Im Englischen werden solche Glückstreffer oft mit dem Zusatz »Seedling« oder »Pippin« versehen, also etwa »Bramley Seedling« oder »Cox's Orange Pippin«.

Äpfel gedeihen in unserem gemäßigten mitteleuropäischen Klima prächtig. Sie sind winterhart, vertragen strengen Frost und viel Regen, womit sie die Idealbesetzung für Hausgärten sind. Äpfel aus dem Handel stammen meist von schwachwüchsigen Unterlagen, damit sie nicht zu groß werden. Eure Sämlinge werden wesentlich größer als die veredelten Bäume, die man in Gärten gemeinhin sieht. Allerdings lassen sie sich auch in Kübeln ziehen, was ihr Wachstum hemmt. Apfelbäume tragen erst nach einigen Jahren; zudem ist das, was man bekommt, nicht identisch mit dem Baum, von dem der Kern stammt. Manche bilden nicht einmal Früchte, weshalb man mehrere Kerne aussäen sollte, um böse Überraschungen zu vermeiden. Trägt ein Exemplar nach fünf bis zehn Jahren noch nicht, entsorgt man es und macht Platz für andere Sämlinge. Birnen und Nashi-Birnen werden wie Äpfel vermehrt.

Ihr braucht

+ Äpfel
+ scharfes Messer
+ Küchenpapier und Gefrierbeutel
+ Pflanztöpfe, 9 cm breit und breiter
+ torffreie Universalerde

Jungbäume lassen sich im großen Topf ziehen, damit sie klein bleiben.

Ist der Baum gut eingewachsen, schneidet man ihn so, dass viel Sonne zu den Blättern und Äpfeln gelangt.

So geht's

01 Einen Apfel vom Stiel- bis zum Blütenende zerteilen und Kerne aus dem Gehäuse holen. Helle Kerne entsorgen, sie sind nicht reif und keimen wahrscheinlich nicht. Nur dunkelbraune, fast schwarze Kerne verwenden.

02 Kerne in feuchtes Küchenpapier wickeln und in einen verschließbaren Gefrierbeutel geben. Ein paar Wochen ins Gemüsefach des Kühlschranks legen. Man muss nicht wässern, der Beutel bewahrt die Feuchtigkeit.

03 Nach ein paar Wochen die Kerne aus dem Küchenpapier holen. Sie könnten schon gekeimt haben und kleine Schwänzchen tragen. Erde in einen 9-cm-Topf füllen.

04 Mit einem Pflanzholz oder Stab drei oder vier etwa 2 cm tiefe Löcher in gleichen Abständen in die Erde stechen. In jedes Loch einen Kern stecken und mit Erde bedecken.

05 Bis zum Frühjahr sollten die Sämlinge aus der Erde spitzen. Wenn sie rund 10 cm hoch sind, in größere Töpfe vereinzeln.

06 Im Herbst die Apfelbäume entweder ins Freiland setzen (dort werden sie allerdings groß) oder in einen großen Kübel, der draußen steht, wodurch sie kleiner bleiben.

Auf gutes Gedeihen

Apfelbäume gedeihen am besten an einem sonnigen Standort mit durchlässigen Böden. In der Regel werden sie als Dach- oder Kelchform gezogen, also mit einem kurzen Hauptstamm und 4–5 fruchttragenden Ästen, die sich als Hauptgerüst nach außen und oben ziehen. Äste, die zur Kronenmitte hin wachsen, nimmt man heraus. Außerdem sollte man verdichteten Wuchs so auslichten, dass etwa eine Handbreit Abstand zwischen jedem Ast bleibt. So kann Sonne zu den übrigen Ästen dringen, was die Fruchtreife fördert.

Hack Nr. 23

Himbeeren

aus frischen Samen

Ich erinnere mich noch an die Zeit, als ich in den Gärten der Royal Horticultural Society in Wisley als Gärtner anfing. Einmal kam ich an einem heißen Sommertag in die Kantine. Dort standen Unmengen Körbe mit frisch gepflückten Himbeeren herum, bereit für den Verkauf. Ihr Aroma hat mich fast umgehauen. Der Duft von Himbeeren ist bis heute mein absoluter Favorit.

Natürlich mögen wir an Himbeeren nicht nur ihr Aroma. Auch ihr süß-säuerlicher Geschmack begeistert. Er bereichert Desserts wie Biskuitrollen oder Obstpavlova, in denen die Säure der Beeren die Süße der übrigen Zutaten abfedert. Ich finde aber, dass man Himbeeren frisch am besten mit einem Klecks Crème fraîche darauf genießt. Himbeeren sind eng mit Brombeeren verwandt – und wie bereitwillig die sich ausbreiten, wissen wir alle. Auch die Vermehrung von Himbeeren ist recht simpel. Ich verwende dafür frische Beeren aus dem Supermarkt, habe aber gehört, dass man auch eingefrorene nehmen kann. Eines Tages muss ich es ausprobieren.

Ihr braucht

- Himbeeren
- Sieb
- Löffel
- Teller
- Küchenpapier
- Saatschale
- torffreie Universalerde
- 9-cm-Töpfe

So geht's

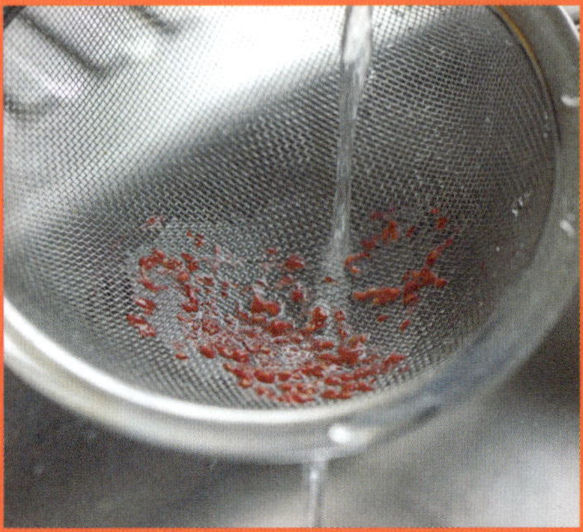

01 Eine Handvoll Himbeeren in ein feines Sieb geben und mit einem Löffel zerdrücken. Fruchtfleisch auf die Seite schieben, um es von den winzigen Samen zu trennen.

02 Auch durch Spülen mit Wasser lassen sich Fruchtfleisch und Samen trennen. Danach die Samen mit dem Löffel aus dem Sieb kratzen und auf einem Teller trocknen lassen.

03 Samen wie Marmelade auf eine Scheibe Brot auf Küchenpapier streichen und ein paar Tage trocknen lassen. Saatschale mit torffreier Erde füllen und das Küchenpapier obenauf legen.

04 Samen 1 cm dick mit torffreier Erde bedecken. Zuerst 4–6 Wochen in den Kühlschrank, danach an einen wärmeren Ort stellen, aber nicht direkt in die Sonne. Feucht halten. Dann sollten die Himbeersamen keimen.

Weitere Beeren

Mit dieser Methode lassen sich auch Brombeeren, Heidelbeeren, Japanische Weinbeeren sowie Taybeeren und Loganbeeren vermehren.

05 In 9-cm-Töpfe mit torffreier Erde vereinzeln. Himbeeren sind winterhart, können also das ganze Jahr draußen bleiben. Sobald sie eine Höhe von 15 cm erreichen, sind sie bereit zum Auspflanzen.

Auf gutes Gedeihen

Himbeeren tragen ihre Früchte an Ruten, die ein bisschen aussehen wie die von Brombeeren. Sie müssen gestützt werden, sonst fallen sie um. Ich pflanze meine Himbeeren mit 20 cm Abstand in Reihen. Es gibt zwei Typen: Sommer- und Herbsthimbeeren. Unterscheiden lassen sie sich, indem man schaut, wo sie ihre Beeren tragen. Wenn sie an Ruten sitzen, die sich im Vorjahr gebildet haben, handelt es sich um Sommerhimbeeren. Sitzen die Früchte hingegen an diesjährigen, frischen Ruten, sind es Sommerhimbeeren. Auch die Reifezeit ist ein Indikator, allerdings nicht immer zuverlässig. Herbsthimbeeren werden jeden März bis zum Boden zurückgeschnitten, damit frische Ruten austreiben. Bei Sommerhimbeeren entfernt man die älteren fruchttragenden Ruten, nachdem sie (im Hoch- und Spätsommer) abgeerntet wurden, und behält nur die neuen, diesjährigen Ruten, die im nächsten Jahr Beeren ansetzen. Noch Fragen?

Hack Nr. 24

Ananas
aus einem Steckling

Im 18. Jahrhundert waren Ananas seltene und kostbare Statussymbole. An vielen Eingangstoren wurden sie in Stein oder Marmor nachgebildet. Damit zeigte der Besitzer, dass er Geld genug hatte, sie auf seinem Anwesen anzubauen oder aus dem Ausland zu importieren. Heutzutage braucht man weder einen ganzen Gärtnertrupp noch eine mit Glas abgedeckte Ananasgrube, wie sie früher in herrschaftlichen Häusern üblich war – nur eine Fensterbank und einen Supermarkt.

Ananas sind nicht winterhart und müssen drinnen kultiviert werden. Sie geben prächtige, laubreiche Zimmerpflanzen ab und belohnen ihre Besitzer, wenn sie Glück haben, sogar mit Früchten. Vermehrt werden Ananas, indem man den Blattschopf am oberen Ende abtrennt – ich kenne keine andere Supermarktpflanze, mit der das geht. Meine Erfolge mit Ananas waren allerdings durchwachsen: Manche sind gut gediehen, andere im Wasser verfault. Wenn ihr das nächste Mal eine Ananas kauft, probiert es einfach aus.

Ihr braucht

- Ananas
- scharfes Messer
- Töpfe in mehreren Größen
- torffreie Universalerde

So geht's

01 Eine Ananas mit noch grünem, gesundem Schopf auswählen. Er sollte keine vertrockneten Blätter oder solche mit braunen Spitzen haben. Den Schopf vorsichtig drehen und daran ziehen.

02 Der Schopf sollte sich mit etwas Fruchtfleisch lösen. Falls nicht, ihn mit etwa 1cm Frucht mit dem Messer abschneiden.

03 24–48 Stunden trocknen lassen. Ein paar der unteren Blätter abschälen, damit der Ansatz freiliegt. Ich entferne in der Regel etwa drei Lagen Blätter.

04 Etwas Erde in einen kleinen Pflanztopf füllen, dann den Schopf hineinstecken. Erde bis knapp unter den Topfrand auffüllen und um den Schopf herum andrücken.

05 Sobald der Schopf eingewurzelt ist, die Pflanze in einen 3-Liter-Topf mit torffreier Erde setzen, auf eine sonnige Fensterbank stellen und alle paar Tage wässern (siehe Kasten unten).

Auf gutes Gedeihen

Stellt eure Ananaspflanzen drinnen an einen warmen, sonnigen Platz. Sie brauchen Temperaturen von 18–30 °C, können also im Sommer in ihren Töpfen ins Freie gestellt werden. Vergesst nur nicht, sie wieder nach drinnen zu bringen, wenn die Temperaturen in den Keller sinken. Gewässert wird eine Ananas am besten, indem man Wasser in die Schopfmitte gießt. Die Schwerkraft sorgt schon dafür, dass es dorthin rinnt, wo es gebraucht wird. Ananas gehören zu den Bromeliengewächsen und leiten mithilfe ihres Blattschopfs Regenwasser nach unten zum Ansatz. Wer Glück hat und erlebt, wie die Pflanze eine Frucht bildet, gibt alle paar Wochen etwas Universaldünger für Zimmerpflanzen in die Gießkanne (die Angaben auf der Düngerverpackung beachten).

Hack Nr. 25

Heidelbeeren *aus Samen*

Ich ziehe Heidelbeeren nicht nur wegen ihres grandiosen Geschmacks, sondern auch wegen ihrer spektakulären Herbstfärbung. Vergesst die teuren Fächer-Ahorne (obwohl ich sie mag) – ich finde, Heidelbeeren gehören zu den Sträuchern, die sich im Herbst am farbenprächtigsten in Szene setzen. Ihr Laub zündet ein Feuerwerk in Violett, Gelb, Orange und Rot.

Die sommergrünen Heidelbeersträucher werden etwa 1,5 m hoch. Sie brauchen ähnlich wie Rhododendren und Kamelien saure Böden. Wer keinen Gartenboden mit niedrigem pH-Wert hat, kann sie in Töpfen oder im Hochbeet kultivieren. Ihr braucht dafür Moorbeeterde, die speziell für Kalkflieher (säureliebende Pflanzen) gemischt wurde. Bis die Gehölze Beeren tragen, können Jahre vergehen. Die Chancen einer Befruchtung und damit einer größeren Beerenernte steigen, wenn mehrere Heidelbeerpflanzen unweit voneinander wachsen. Es lohnt sich also, gleich eine ganze Reihe von Setzlingen heranzuziehen.

Ihr braucht

+ Heidelbeeren
+ Küchenpapier
+ Löffel
+ Sieb (optional)
+ Saatschale
+ torffreie Moorbeeterde
+ 9-cm-Pflanztöpfe
+ Regenwasser (kein Leitungswasser)

Gut eingewachsene Heidelbeeren trumpfen mit einer faszinierenden Herbstfärbung auf.
Zieht am besten mehrere Heidelbeeren im Topf, um die Ernte zu erhöhen.

So geht's

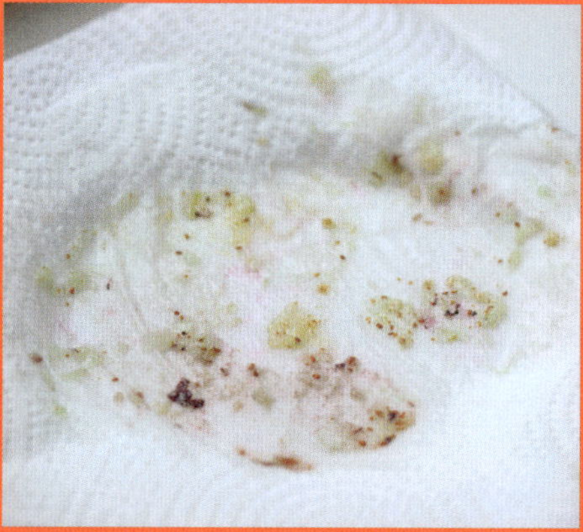

01 Eine Handvoll Heidelbeeren auf ein Papierküchentuch legen und mit dem Rücken eines Löffels zerdrücken, um die winzigen Samen vom Fleisch zu trennen.

02 Zerdrückte Beeren in ein Sieb geben und unter fließendes Wasser halten, um das Fruchtfleisch teilweise wegzuspülen. Samen 24 Stunden auf Küchenpapier trocknen lassen.

03 Saatschale bis knapp unter den Rand mit torffreier Moorbeeterde füllen.

04 Das Küchenpapier mit den Samen darauflegen und mit 1 cm Erde bedecken. Nach draußen stellen – Heidelbeerensamen brauchen zum Keimen einen kalten Winter.

05 Im Frühjahr sollten die Samen keimen. Sämlinge einzeln in größere Töpfe umpflanzen, sobald sie etwa 10 cm hoch sind. Im Herbst lassen sich die Heidelbeeren dann an ihren endgültigen Platz setzen.

Cranberrys

Cranberrys werden wie Heidelbeeren vermehrt. Sie brauchen ebenfalls saure Erde, allerdings noch mehr Feuchtigkeit als Heidelbeeren, denn ihre natürlichen Lebensräume sind Moore. Sie bleiben viel niedriger als Heidelbeeren und zeichnen sich durch einen schönen kriechenden Wuchs aus. Ich ziehe zu Hause einen Cranberrystrauch in einer Blumenampel und lasse ihn ein bisschen im Schatten, damit er im Sommer nicht zu schnell austrocknet. Trotzdem braucht er regelmäßig Regenwasser.

Auf gutes Gedeihen

Heidelbeeren bevorzugen leicht feuchte Böden und sollten deshalb bei Trockenheit gut gewässert werden. Verwendet Regenwasser (aus der Regentonne oder Eimern, die ihr draußen aufstellt). Leitungswasser hat oft einen hohen pH-Wert und ist somit alkalisch, vor allem in Gegenden mit Kalk- bzw. Kreideböden. Regenwasser dagegen ist neutral bis leicht sauer und daher besser geeignet für Heidelbeeren. Schneidet die Sträucher im zeitigen Frühjahr, sobald sich die Knospen zeigen. So erkennt man, welche Zweige abgestorben sind. Rund ein Fünftel des Wuchses muss entfernt werden. Ältere Triebe schneidet man bis fast zum Boden zurück, während man jüngere, frischere Triebe stehen lässt, damit sie Beeren ansetzen. Aufgepasst: Die Samen brauchen zwar eine Kälteperiode zum Keimen, doch wenn sie im Supermarkt im Kühlregal standen, ist das vielleicht gar nicht notwendig.

Hack Nr. 26

Passionsfrüchte *aus Samen*

Passionsfrüchte öffnen außergewöhnliche Blüten. Viele kennen die Arten mit violett-weißen Blüten, die als Zierpflanzen genutzt werden. Auch die winterhärtesten Varianten bilden Früchte, die aber nicht besonders gut schmecken. Dennoch sind sie eng mit den tropischen Arten verwandt, deren Früchte man im Handel bekommt.

Passionsblumen (*Passiflora*) sind eine Gattung mehrjähriger Kletterpflanzen mit ungewöhnlich komplexen Blüten und dekorativem, gelapptem Laub. Sie stammen aus den warmen Regionen der Neuen Welt. Die meisten Arten sind nicht winterhart, auch diejenigen mit essbaren Früchten nicht. Deshalb müssen sie drinnen oder zumindest unter Glas herangezogen werden, etwa im Wintergarten oder Gewächshaus. Ihr braucht also genügend Platz im Haus für einen großen Pflanzkübel und eine Stütze, an der sich die Ranken der Passionsblumen festhalten können.

Ihr braucht

- eine Passionsfrucht
- scharfes Messer
- Sieb
- Papierküchentuch und Löffel
- Saatschale mit Abdeckung
- torffreie Universalerde
- 9-cm-Pflanztopf
- torffreie Topferde
- großes Pflanzgefäß (mit mindestens 5 Liter Fassungsvermögen)

So geht's

01 Passionsfrucht mit einem Messer halbieren. Die Samen herauskratzen und in einem Sieb unter Wasser spülen, um einen Teil des gallertartigen Fruchtfleisches wegzuspülen.

02 Die Samen auf Küchenpapier einige Stunden trocknen lassen. Saatschale bis knapp unter den Rand mit torffreier Erde füllen (ich verwende eine Obstschale mit Deckel dafür).

03 3–4 Samen mit dem Finger 2 cm tief in die Erde drücken. Löcher mit Erde füllen, dann Samen wässern.

04 Deckel schließen, Schale auf eine sonnige Fensterbank stellen und alle paar Tage wässern. Nach ein paar Wochen sollten die Samen keimen.

05 Sämlinge in 9-cm-Töpfe umsetzen. Sobald sie etwa 15 cm hoch sind, kann man sie umtopfen und an ihren endgültigen Platz stellen. Das neue Pflanzgefäß sollte mindestens 5 Liter Volumen haben und torffreie Topferde enthalten.

Auf gutes Gedeihen

Passionsfrüchte sind immergrüne Kletterpflanzen, brauchen also eine Rankhilfe oder eine Stütze aus Schnüren bzw. Drähten, an der sie sich hochziehen können. Blüten und Früchte bilden sich nach 2–3 Jahren, sofern die Pflanzen genug Wärme und Licht bekommen. Wer alles richtig macht, wird im Herbst mit einer kleinen Ernte aus Passionsfrüchten belohnt. Die Pflanzen müssen eventuell angebunden werden, obwohl sie Ranken haben, mit denen sie sich festhalten können. Gelegentlich sollten Triebe gekürzt oder entfernt werden, um die Pflanze auszulichten und überschüssigen Wuchs zu entfernen. Wichtig ist gutes Wässern bei heißem, sonnigem Wetter und im Sommer alle paar Wochen eine Flüssigdüngergabe, mit einem Dünger, der ausreichend Phosphor enthält und daher den Blütenansatz fördert.

Hack Nr. 27

Mangos *aus einem Stein*

Mangos sind Tropenfrüchte. Sie reifen an großen, immergrünen Bäumen. Sofern man nicht das Glück hat, in einer frostfreien Region zu leben, muss man die Gehölze drinnen in Töpfen kultivieren.

Schnappt euch im Supermarkt die reifste Mangofrucht, die ihr bekommen könnt. Es ist meistens die mit der gelb-roten Schale, allerdings sind manche Sorten auch in reifem Zustand grün. Drückt man mit dem Finger leicht auf die Oberfläche der Frucht und fühlt sie sich weich an, ist das ein Zeichen dafür, dass sie reif ist. Die reifsten Früchte haben den am besten entwickelten Samen, der deshalb auch am bereitwilligsten keimt und eine neue Pflanze bildet. Ich ziehe meinen Mangobaum im Wintergarten. Er hat noch keine Früchte angesetzt, da er erst zwei Jahre alt ist, aber ich hoffe, in einigen Jahren welche ernten zu können.

Ihr braucht

- eine reife Mango
- scharfes Messer
- Küchenpapier
- Buttermesser
- Gefrierbeutel oder Plastikbox
- torffreie Universalerde
- 9-cm-Pflanztopf
- torffreie Topferde
- großes Pflanzgefäß (mit einem Volumen von mindestens 5 Litern)

Gut entwickelte Samen keimen am leichtesten. Deshalb sollte man Ausschau nach einer reifen Mango halten.
Zwingt die Pflanze zu einem buschigen Wuchs, damit sie nicht zu groß wird.

So geht's

01 Das Mangofleisch vorsichtig vom großen, flachen Stein lösen. Stein spülen und abreiben, um so viel Fruchtfleisch wie möglich zu entfernen. Einige Tage auf Küchenpapier trocknen lassen.

02 Den Samen aus dem Stein holen. Ein stabiles Buttermesser (kein scharfes, da man sich damit verletzen kann) vorsichtig in den Stein drücken, am besten am Innenrand in der Steinmitte.

03 Das Messer drehen, damit die beiden Hälften der Hülle sich trennen und den nierenförmigen Samen freilegen. Der Samen darf dabei nicht beschädigt werden.

04 Samen in einen Gefrierbeutel stecken, mit etwas Wasser besprühen und an einen warmen, dunklen Platz legen. Nach ein paar Wochen sollte er einen Keimling gebildet haben.

05 Mangosamen aus dem Beutel nehmen und etwa 3 cm tief in einen Topf mit torffreier Universalerde drücken. Das dabei entstandene Loch mit Erde füllen.

06 Topf auf eine helle, sonnige Fensterbank stellen. Sobald der Sämling etwa 10 cm hoch ist, in einen größeren Topf umsiedeln. Mit zunehmender Größe in immer größere Töpfe setzen.

Auf gutes Gedeihen

Mangos sind frostempfindlich und sollten vom Frühherbst bis zum Spätfrühling drinnen stehen. In den wärmeren Monaten allerdings kann man sie durchaus nach draußen auf die Terrasse stellen, falls das machbar ist. Ansonsten bleiben sie drinnen in einem hellen, warmen Raum. Pralle Sonne sollten sie nicht abbekommen, da die Blätter verbrennen können. Damit die Pflanzen nicht zu groß werden und zu einem Baum heranwachsen, zwickt man nach ein, zwei Jahren die Triebspitze ab. Das regt sie dazu an, Seitenäste zu bilden und buschiger zu werden, was für die Zimmerkultur besser ist. Wässert Mangos regelmäßig und verabreicht ihnen gelegentlich einen Flüssigdünger.

Hack Nr. 28

Kiwis *aus Samen*

Eine Kiwi aus einer Supermarktfrucht zu vermehren, wird immer einen besonderen Platz in meinem Herzen haben. Ich habe das in meinem ersten Post beschrieben, der viral ging und 32 Millionen Klicks erhielt. Allerdings lag das, um ehrlich zu sein, vor allem an den vielen Kommentatoren aus Neuseeland, die darauf hinwiesen, dass ich »Kiwifrucht« statt »Kiwi« hätte schreiben sollen, weil Letzteres ein Vogel sei. Ich entschuldige mich – ich wollte nie vorschlagen, einen Kiwi zu halbieren! Hier in Europa meinen wir mit »Kiwi« eindeutig die Frucht.

Eine Kiwi (*Actinidia chinensis* oder *A. deliciosa*) ist eine sommergrüne Kletterpflanze aus China. Sie ist überraschend winterhart und lässt sich in unseren mitteleuropäischen Breiten gut draußen kultivieren. Die Pflanzen sind entweder weiblich oder männlich, wenn man also Früchte bekommen will, muss man sich Exemplare beider Geschlechter anschaffen. Am besten pflanzt ihr gleich eine Gruppe mehrerer Kiwis, um sicherzugehen, dass die Blüten der weiblichen befruchtet werden.

Ihr braucht

- eine Kiwi
- scharfes Messer
- Teelöffel
- Papierküchentuch
- Saatschale
- torffreie Universalerde
- 9-cm-Topf

So geht's

01 Kiwi halbieren – drinnen sitzen viele winzige kleine Samen. Mit einem Löffel herauskratzen.

02 Samen auf einem Küchenpapier 48 Stunden trocknen lassen.

03 Saatschale mit torffreier Universalerde füllen und die Samen so gleichmäßig wie möglich auf die Oberfläche streuen. Samen mit der Hand leicht in die Erde hineindrücken. Schale drinnen an einen warmen Platz stellen. Bald sollten winzige Sämlinge austreiben.

04 Sobald die Sämlinge die ersten echten Blätter tragen (das zweite Paar nach dem ersten, das aus Keimblättern besteht), kann man sie behutsam pikieren und in 9-cm-Einzeltöpfe setzen. Dort weiterkultivieren, bis sie etwa 20 cm hoch sind. Anschließend direkt nach draußen ins Freiland oder in größere Töpfe setzen. Nicht vergessen: Ihr braucht mindestens ein weibliches und ein männliches Exemplar, damit eine Befruchtung stattfindet. Pflanzen im Topf sollten außerdem eine Rankhilfe bekommen.

Auf gutes Gedeihen

Kiwis sollten mit etwa 50 cm Abstand zueinander gepflanzt werden, damit sie wachsen und ihre Äste sich miteinander verflechten können. Das erhöht die Chancen einer guten Bestäubung der weiblichen Blüten mit männlichen Pollen. Ich finde, sie sind vor einer Wand oder einem Zaun am besten aufgehoben, da sie sich dort hochziehen können. Man kann aber auch zwei Pfosten in die Erde schlagen und horizontale Drahtreihen dazwischen spannen. Kiwis fruchten sehr spät in der Saison, versucht daher, die Früchte noch vor dem ersten Frost zu ernten, damit sie keinen Schaden nehmen. Wenn sie noch nicht reif sind, reifen sie drinnen auf einer Fensterbank in der Küche nach. Gelegentlich können Kiwigehölze auch geschnitten werden, etwa um eine verdichtete Krone auszulichten. Schneidet frische Triebe bis auf 4–5 Knospen zurück.

Hack Nr. 29

Melonen

aus Samen

Melonen aus dem Supermarkt lassen sich auf zweierlei Arten nutzen: Man kann sie entweder als gesunde Microgreens (Sprossengemüse) keimen lassen und Salaten beifügen oder zu ausgewachsenen Pflanzen heranziehen, die süße, duftende Früchte liefern. Sucht euch die reifste Melone, die ihr finden könnt (die Sorte ist egal), da sie die am weitesten entwickelten Samen hat. Sie sollte sich weich, aber nicht matschig anfüllen, vor allem am oberen Ende.

Melonen sind frostempfindlich und werden deshalb bei uns einjährig angebaut. Am besten zieht man sie in einem Wintergarten oder Gewächshaus. Wer sie im Sommer draußen kultivieren möchte, sollte ihnen eine sehr warme, geschützte, nach Süden gerichtete Wand oder andere senkrechte Fläche zuweisen, an der sie hochklettern können. Sät sie am besten im April oder Mai nach dem letzten Frost aus. Wenn man sie als Microgreens ziehen möchte, kann man sie zwar jederzeit aussäen, am kräftigsten wachsen sie aber im Frühjahr und Sommer. Ich habe festgestellt, dass Melonensprossen oft leicht bitter schmecken, wenn sie nicht ganz jung geerntet werden.

Ihr braucht

- reife Melone
- scharfes Messer
- Löffel
- Papierküchentuch
- Saatschale
- torffreie Universalerde
- 9-cm-Pflanztöpfe

Melonen sind
nicht winterhart
und müssen unter
Abdeckungen kulti-
viert werden.
Melonen halten sich
mit Ranken an jeder
Stütze fest, die sie
finden können.

So geht's

01 Eine Melone halbieren und einige Samen mit einem Löffel herauskratzen. Samen spülen, um das Fruchtfleisch zu entfernen.

02 Samen ein paar Stunden auf einem Küchentuch trocknen lassen.

03 Eine Saatschale mit torffreier Universalerde füllen. Samen daraufstreuen, dünn mit Erde bedecken und auf eine sonnige Fensterbank stellen. Regelmäßig wässern, dann sollten bald winzige Sämlinge erscheinen, die sich als Microgreens nutzen lassen.

04 Wer nur Microgreens will, schneidet die Sprossen mit einer Schere ab, sobald sie 2–3 cm hoch sind, und verwertet sie sofort. Manchmal treiben sie noch einmal aus, sodass man ein paar Wochen später ein zweites oder sogar drittes Mal ernten kann.

05 Wer Melonen ziehen möchte, lässt die Sämlinge weiterwachsen, bis sie rund 6 cm hoch sind, und vereinzelt dann die kräftigsten in 9-cm-Töpfe.

06 Auf einer sonnigen Fensterbank weiterwachsen lassen. Nach dem letzten Frost können die Setzlinge nach draußen umziehen. Sie brauchen viel Platz.

Auf gutes Gedeihen

Melonen dürfen erst nach draußen, wenn ganz sicher kein Frost mehr zu erwarten ist. Man kann sie in große Pflanzgefäße oder Pflanzsäcke setzen. In einen Sack passen zwei Exemplare. Melonen brauchen eine Stütze, an der sie hochklettern können. Den Haupttrieb bindet man mittig an, die Seitentriebe werden seitlich nach außen geführt. Wenn die Früchte allmählich reif werden, brauchen sie eine zusätzliche Stütze, die ihr Gewicht trägt, etwa eine Art Hängematte aus alten Netzsäckchen oder sogar ausgemusterten Socken (aber vorher waschen!).

Hack Nr. 30

Litschis *aus Steinen*

Die etwa walnussgroßen Früchte mit dem ungewöhnlichen Aussehen fallen durch ihre rote, warzige Hülle ins Auge. Darunter verbirgt sich weiches, saftiges Fleisch und ein großer, rotbrauner Stein. Er lässt sich mit etwas Geduld gut zum Keimen bringen und liefert einen dekorativen immergrünen Baum, den man in die Wohnung oder das Gewächshaus stellen kann.

Litschibäume (*Litchi chinensis*) stammen aus den wärmeren Gegenden Südchinas und benötigen daher tropische bis subtropische Bedingungen. In ihrer natürlichen Umgebung wachsen sie zu stattlichen, immergrünen Gehölzen heran. Durch Kultur in Töpfen kann man ihre Größe jedoch begrenzen. Wenn man eine Litschi aus Samen ziehen will, ist Geduld gefragt. Die Pflanzen wachsen langsam – ich habe ein zweijähriges Bäumchen, das erst 15 cm hoch ist und auf meiner Fensterbank steht. Wahrscheinlich dauert es noch einige Jahre, bis es mir Früchte bringt. Wie heißt es doch so schön: Geduld bringt Rosen – oder in meinem Fall Litschis. Ich hoffe, eines Tages meine eigenen Köstlichkeiten ernten zu können. Im Handel bekommt man Litschis in der Regel fast das ganze Jahr über.

Ihr braucht

- Litschis
- scharfes Messer (optional)
- Glas Wasser
- 9-cm-Pflanztöpfe
- torffreie Universalerde
- Anzuchtkasten (optional, siehe S. 13)

Litschibäume lassen sich mit dem Wachsen viel Zeit, doch während man auf Früchte wartet, kann man sie als Zimmerpflanzen nutzen.

So geht's

01 Die rote oder grüne Schale von den Litschis ziehen. Trotz des stacheligen Aussehens lässt sie sich leicht von Hand entfernen.

02 Das fast gummiartige Fruchtfleisch mit einem Messer oder den Nägeln entfernen und den rotbraunen Stein (Samen) darunter freilegen.

03 Stein ein paar Stunden lang in ein Glas Wasser legen, um die Oberfläche aufzuweichen. Das erleichtert die Keimung.

04 9-cm-Töpfe mit torffreier Universalerde füllen und in jeden Topf einen Stein stecken. Mit den Fingern etwa 1 cm tief in die Erde drücken. Loch wieder mit Erde füllen.

05 Töpfe auf eine warme, sonnige Fensterbank oder, falls vorhanden, in einen Anzuchtkasten stellen.

06 Nach ein paar Wochen sollte sich ein Sämling aus der Erde schieben. Sobald das Pflänzchen etwa 10 cm hoch ist, nimmt man es aus dem Topf und pflanzt es in ein größeres Gefäß.

Auf gutes Gedeihen

Litschibäume müssen fast das ganze Jahr drinnen stehen. Nur in den wärmsten Monaten kann man sie auf eine sonnige Terrasse stellen. Wenn es im Spätsommer oder Frühherbst kühler wird, bringt man sie zurück in die Wohnung. Geschnitten werden müssen die Gehölze kaum. Nur gelegentlich kann man im Frühjahr aus der Reihe tanzende Zweige entfernen, falls man die Gesamtform verbessern möchte. Litschibäume setzen Fruchtbündel an, die man beim Ernten als Ganzes mit einer Gartenschere abschneidet. Ob sie reif sind, erkennt man daran, dass sie anschwellen und rot werden. Im Gegensatz zu anderen Früchten reifen sie nach dem Ernten nicht mehr nach. Prüft sie deshalb am besten alle paar Tage und erntet erst, wenn sie komplett reif sind.

Hack Nr. 31

Granatäpfel
aus Samen

Obwohl Granatäpfel in warmen Regionen wie dem Iran und Irak sowie in Nordindien beheimatet sind, können sie bei uns in milden Gegenden draußen gezogen werden. Bei mir in der englischen Grafschaft Devon geht das – sie liefern mir dort saftige, rote, etwa apfelgroße Früchte.

Granatäpfel (*Punica granatum*) sind sommergrüne Sträucher mit hohem Zierwert. Sie werden etwa 2 m hoch, doch kann man ihr Wachstum durch Topfkultur begrenzen. Um zu blühen und Früchte zu tragen, benötigen sie aber einen warmen Standort. In kühleren Gegenden zieht man sie besser im Wintergarten oder einem hellen Raum. Wer nicht sicher ist, ob sie in seiner Gegend draußen überleben, kultiviert sie im Topf und bringt sie im Winter an einen geschützten Platz, zum Beispiel eine Veranda, und deckt sie dort mit einem Vlies ab. Granatäpfel sind vollgepackt mit dicken, rubinroten Samen, die recht leicht zu keimen scheinen. Ich bekomme oft viele Sämlinge, die ich an Freunde verschenke.

Ihr braucht

+ reifen Granatapfel
+ scharfes Messer
+ Papierküchentuch
+ Glas Wasser
+ 9-cm-Pflanztöpfe
+ torffreie Universalerde

Gewusst?

Obwohl Eva in vielen Kunstwerken der Renaissance mit einem Apfel im Garten Eden dargestellt wird, könnte es sich ursprünglich um einen Granatapfel gehandelt haben. Seinen deutschen Namen hat er übrigens nicht von der Granate, sondern vom lateinischen *granum* für »Kern, Samen«. Granatapfel bedeutet also wörtlich »Apfel mit Samen«.

So geht's

01 Granatapfel aufschneiden und ein paar der roten Samen herausholen. Sie sind in saftiges Fleisch gehüllt, das entfernt werden muss, etwa indem man sie mit Küchenpapier abreibt (was eine ziemliche Sauerei gibt) und dann spült. Ich stecke sie in den Mund und lutsche das Fleisch weg.

02 Samen 24 Stunden in ein Glas Wasser legen. So wird die äußere Hülle aufgeweicht, was die Keimung erleichtert.

03 9-cm-Töpfe mit torffreier Universalerde füllen.

04 3–4 Samen 1 cm tief in die Erde stecken.

05 Töpfe auf eine sonnige Fensterbank stellen und gut wässern.

06 Die Samen sollten innerhalb eines Monats keimen. Sobald die Pflänzchen etwa 10 cm hoch sind, werden sie behutsam in Einzeltöpfe umgesetzt.

Auf gutes Gedeihen

In warmen Regionen könnt ihr Granatäpfel direkt ins Freiland pflanzen. Sie brauchen durchlässige Böden und viel Sonne. Ist es draußen ganzjährig zu kühl, zieht ihr sie drinnen im großen Pflanzgefäß. Im Sommer müssen Granatäpfel gut gewässert werden; außerdem sollte man den Wurzelraum regelmäßig jäten. Exemplare in Töpfen brauchen vom Blühbeginn im Sommer bis in den Herbst hinein einen Flüssigdünger. Mit den Früchten ist im Spätsommer zu rechnen. Geerntet werden sie, wenn sie sich noch fest anfühlen, aber doch schon leicht nachgeben. Die Sträucher sind recht pflegeleicht, wachsen aber nur langsam. Viel geschnitten werden müssen sie nicht – man kann höchstens aus der Reihe tanzende Zweige entfernen oder die Gesamtform etwas verändern, falls nötig.

Aus dem Vorrat

Hack Nr. 32

Kamille

aus dem Teebeutel

Viele Kräutertees, etwa Pfefferminz-, Salbei-, Melisse- und Rooibostee sowie der schwarze Tee aus dem Teestrauch (*Camellia sinensis*), werden aus Blättern aufgebrüht. Bei Kamillentee aber brüht man die Blüten auf. Sie enthalten oft noch Samen – eine gute Nachricht für alle, die Kamille selbst anbauen möchten, da man das Saatgut mit dem Teebeutel gratis mitgeliefert bekommt.

Die Kamille ist eine niedrige Staude mit kleinen, duftenden weißen Blütenkörben. Es gibt zwei Arten, die genutzt werden: die Echte Kamille (*Matricaria chamomilla*) und die ausdauernde Römische Kamille (*Chamaemelum nobile*) – beider Arten Blüten lassen sich für Tee verwenden. Die meisten Teebeutel im Handel enthalten Römische Kamille. Echte Kamille wächst einjährig, muss also jährlich neu angesät werden. An sich lässt sich Kamille leicht kultivieren, doch habe ich mit unterschiedlichen Teemarken wechselnde Erfolge erzielt, weshalb es sein kann, dass auch ihr etwas experimentieren müsst. Samen aus Teebeuteln lassen sich drinnen das ganze Jahr aussäen, im Winter aber braucht man dafür einen Anzuchtkasten oder eine Heizmatte (siehe S. 12–13).

Ausprobieren!

Auch andere getrocknete Blüten, etwa von Sonnenhüten, Rosen, Lavendel und Hibiskus, eignen sich für Tee.

Ihr braucht

- kleinen Pflanztopf oder Saatschale
- torffreie Universalerde
- Kamillentee im Beutel
- Vermiculit (optional)
- Pflanzholz oder Stift zum Pikieren
- größere Töpfe zum Umtopfen (optional)

So geht's

01 Einen Topf oder eine Schale mit torffreier Universalerde füllen. Teebeutel aufreißen, den Inhalt auf der Erde verteilen und leicht mit den Fingern andrücken (Kamille ist ein Lichtkeimer).

02 Erde evtl. mit einer sehr dünnen Lage Vermiculit bedecken, die Feuchtigkeit speichert und verhindert, dass sich Unkraut festsetzt – aber unbedingt nötig ist das nicht.

03 Wässern, dann Topf an einen warmen, sonnigen Platz stellen, etwa auf eine Fensterbank in der Küche. Innerhalb von 14 Tagen sollten die Samen keimen.

Kamillerasen

Man kann die Teebeutel auch im Frühjahr direkt im Freiland säen, um einen Kamillerasen oder eine Mini-Wildblumenwiese anzulegen. Kamille braucht durchlässige Böden, verteilt also pro Quadratmeter einen Eimer Sand auf dem Erdreich und arbeitet ihn in die obersten 5 cm ein. Pro Quadratmeter braucht ihr zehn Teebeutel, deren Inhalt geringfügig eingeharkt wird. Eventuell muss die Saat vor Vögeln geschützt werden.

04 Sämlinge vereinzeln, sobald sie rund 5 cm hoch sind. Dazu den Haupttrieb jedes Sämlings festhalten und einen Stift oder ein Pflanzholz in die Erde stechen, um die Wurzeln herauszuhebeln. Sämling vorsichtig aufnehmen.

05 Pflänzchen in Töpfe setzen, später drinnen ziehen oder direkt in Rabatten, Beete und Wildblumenwiesen setzen.

06 Die Blütenkörbe öffnen sich im Sommer. Ernten und trocknen, um duftenden Kräutertee daraus zu machen. Ein paar Blüten Samen ansetzen lassen, damit man sie sammeln und im nächsten Jahr wieder ansäen kann.

Auf gutes Gedeihen

Die bepflanzten Bereiche sollten gründlich gejätet werden, damit das Unkraut die Kamille weder verdrängt noch ihr Nährstoffe entzieht. Am einfachsten jätet man, indem man zwischen den Pflanzen hackt; dabei achtet man darauf, keine Wurzeln zu verletzen. Das gejätete Unkraut zusammenharken und kompostieren. Mehrjährige Kamille lässt sich im März zurückschneiden, damit sie frische Triebe und Blüten bildet. Die einjährige Art kann man im Herbst ausreißen und im Frühjahr neu ansäen.

Hack Nr. 33

Linsen

aus getrockneten Samen

Die beliebten Hülsenfrüchte sind sehr eiweißreich und lassen sich leichter anbauen, als man denkt. Ich habe in meinem Garten größere Bestände, die ich nicht nur als Microgreens nutze, sondern auch, um fertige Linsen zu ernten. Sie lassen sich trocknen und bis zu zwei Jahre lang lagern, um sie bei Bedarf in der Küche zu verwenden. Legt man einige beiseite, kann man sie im folgenden Frühjahr aussäen.

Linsen (*Lens culinaris*) lassen sich aus getrockneten, handelsüblichen Linsen vermehren. Es gibt viele Sorten, darunter braune, grüne und gelbe sowie Puy-Linsen. Alle kann man aussäen, nur nicht die halbierten, auch Split-Linsen genannt. Sogar als Microgreens, auf der Fensterbank gezogen, eignen sie sich. Will man allerdings reife Hülsen, die Linsen enthalten, braucht man ein günstiges Klima und einen sonnigen, geschützten Platz. Bei mir in England lassen sich Linsen draußen anbauen, aber in kühleren Gegenden kann es problematisch werden, wenn man keinen Folientunnel oder einen warmen Platz drinnen hat. Ihr könnt jedoch versuchen, sie in Töpfen draußen zu ziehen, und sie vor dem ersten Frost nach drinnen bringen, falls die Hülsen bis dahin noch nicht reif sind.

Ihr braucht

- getrocknete Linsen (keine Split-Linsen)
- Schüssel oder Glas Wasser
- Sieb
- flache Schale mit Abzugslöchern
- torffreie Universalerde

So geht's

01 Eine Handvoll getrockneter Linsen über Nacht in einer Schüssel oder einem Glas Wasser einweichen. In einem Sieb abtropfen lassen.

02 Linsen in einem Glas Wasser ein paar Tage lang in einen hellen Raum stellen. Jeden zweiten Tag abtropfen lassen und spülen, dann das Glas wieder mit frischem Wasser füllen.

03 Nach einer Woche sollten sie keimen. Entweder sofort als gesunden Snack verspeisen oder einzeln nach draußen pflanzen, damit sie blühen und Linsen bilden (siehe Schritt 6).

04 Eine weitere Möglichkeit ist, in eine flache Schale mit Abzugslöchern torffreie Universalerde zu füllen und die eingeweichten Linsen relativ dicht auf der Oberfläche auszusäen.

05 Auf eine sonnige Fensterbank stellen. Nach ein paar Tagen sollten die Linsen keimen. Falls sie als Microgreens verwertet werden, die Sämlinge mit der Schere ernten, sobald sie 2–4 cm hoch sind.

06 Sind sie für das Freiland gedacht, wartet man, bis die Sämlinge ca. 10 cm hoch sind. Nach dem letzten Frost nach draußen pflanzen. Dazu Sämlinge vorsichtig aus der Erde holen (ich verwende dafür einen Teelöffel), sodass möglichst viel Wurzelmasse erhalten bleibt, und mit 10 cm Abstand und 20 cm Reihenabstand pflanzen.

Auf gutes Gedeihen

Linsenpflanzen werden etwa 40 cm hoch und brauchen daher keine Stütze. Sollten sie doch einmal umfallen, kann man am Ende jeder Reihe kurze Stöcke in die Erde drücken und in 20 und 40 cm Höhe zwei parallel verlaufende Schnüre spannen, die die Pflanzen aufrecht halten. Etwa 80–100 Tage nach der Aussaat erscheinen winzige Hülsen. Man erntet sie, holt die Linsen heraus und verwertet sie frisch in der Küche oder trocknet sie drinnen in Schalen an einem warmen Platz für später. In einem warmen, trockenen Spätsommer kann man sie aber auch an der Pflanze trocknen lassen. Linsen sind einjährig, müssen also jedes Frühjahr frisch ausgesät werden.

Hack Nr. 34

Erbsen

aus getrockneten Samen

Frische Erbsen in ihren Hülsen gehören zu meiner Lieblingsnascherei direkt aus dem Garten. Ich baue sie regelmäßig an und vermehre sie mithilfe preiswerter getrockneter Erbsen aus dem Supermarkt. Die liefern genauso verlässlich Pflanzen wie Saatgut aus Samenpäckchen vom Gartencenter.

Erbsen (*Pisum sativum*) sind einjährige Kletterpflanzen, deren saftige Samen von Hülsen umschlossen sind. Eine zusätzliche Delikatesse sind außerdem die frischen Sprossen, Blätter und Ranken. Erbsen vertragen sogar leichten Frost. Ich beginne im zeitigen Frühjahr mit der Freilandaussaat und schicke anschließend alle 2–3 Wochen einen weiteren Satz hinterher, sodass ich von April bis zum Spätsommer lückenlos versorgt werde. Da Erbsen nach dem Austrieb keine Störung ihres Wurzelraums vertragen, zieht man sie am besten in leeren Toilettenpapierrollen vor, die sich direkt im Boden versenken lassen, ohne dass man die Sämlinge herausnehmen muss. Durch die Länge der Rollen können die Pflänzchen außerdem lange Wurzeln bilden, was ihnen behagt.

Ihr braucht

- Trockenerbsen
- Schale oder Schüssel mit Wasser
- Sieb
- leere Toilettenpapierrollen
- Behälter
- torffreie Universalerde

Erbsen entwickeln sich gut aus vorgezogenen Jungpflanzen, etwa in Toilettenpapierrollen.

So geht's

01 Eine Handvoll Trockenerbsen ein paar Stunden in einem Glas mit Wasser einweichen, dann in einem Sieb abtropfen lassen.

02 Leere Toilettenpapierrollen in ein Gefäß stellen und mit torffreier Universalerde füllen.

03 In jede Rolle eine Erbse säen. Erbse mit dem Finger etwa 1 cm tief in die Erde drücken und mit etwas Erde bedecken.

04 Wässern und die Rollen ein paar Wochen auf einer Fensterbank stehen lassen, bis die Sämlinge etwa 12 cm hoch sind.

05 Die Pflänzchen an einen sonnigen Platz in durchlässige Freilanderde setzen. Dabei die Rollen ganz im Boden versenken, denn wenn sie herausragen, können sie die Feuchtigkeit wie Dochte aus dem Erdreich ziehen und sie so den Wurzeln wegnehmen.

06 Erbsen sind reif, wenn die Hülsen geschwollen wirken. Eine Hülse aufbrechen – darin sollten voll entwickelte Erbsen sitzen. Wenn sie klein und deformiert wirken, die ähnlich großen Hülsen noch reifen lassen. Regelmäßiges Ernten fördert den Ansatz weiterer Hülsen.

Auf gutes Gedeihen

Wenn es im Saisonverlauf wärmer wird, säe ich die Erbsen direkt ins Freiland. Dazu ziehe ich mit einer Hacke eine flache Rille und säe die Erbsen im Zickzackmuster entlang der Reihe, wobei ich gut 10 cm Abstand zwischen den Erbsen lasse. Sobald die Kletterpflanzen höher werden, brauchen sie eine Stütze. Man kann Zweige verwenden, einfach entlang der Reihe in regelmäßigen Abständen in die Erde gedrückt, an denen sie sich hochziehen. Sobald die Pflanze keine Hülsen mehr bildet, kann sie bis zum Boden zurückgeschnitten werden. Die Wurzeln könnt ihr im Erdreich lassen, falls ihr den Platz nicht mehr für andere Kulturen braucht. Hackt nur den Boden etwas auf. Da Erbsen zu den Hülsenfrüchtlern gehören, binden sie Stickstoff, einen wichtigen Pflanzennährstoff, im Boden. Davon profitiert die Nachfolgefrucht.

Hack Nr. 35

Senf
aus den Körnern

Es gibt zwei gute Gründe, warum man Senfkörner aus dem Supermarkt aussäen sollte. Der erste: Sie wachsen schnell und liefern rasch würzige Blätter, mit denen man Salaten mehr Pfiff geben kann. Und der zweite: Man kann die hübschen gelben Blüten Samen ansetzen lassen und die Samen sammeln, um daraus selbst würzigen Senf herzustellen.

Senfkörner sind günstig – man braucht sie sich nur aus dem Gewürzregal im Supermarkt zu holen. Wer sich ein Päckchen besorgt, muss nie wieder ein Senfglas kaufen! Ich ziehe den Senf in großen Töpfen auf meiner Terrasse, doch kann man ihn auch direkt im Garten aussäen. Streut die Körner einfach auf lockere Erde, wo sie innerhalb kurzer Zeit keimen, blühen und Samen ansetzen. Aber ich muss euch warnen: Senf ist hartnäckig. Wer ihn einmal im Garten hat, wird ihn vielleicht nie mehr los. Ich mag es, wenn er sich überall aussät, legt man allerdings Wert auf manikürte Blumenrabatten, muss man ihn im Auge behalten und die Samen aus dem Verkehr ziehen, bevor sie zu Boden fallen.

Ihr braucht

- großen Pflanztopf mit Abzugslöchern (optional)
- Tonscherben (optional)
- Mauerziegel (optional)
- torffreie Universalerde
- Gießkanne
- getrocknete Senfkörner

So geht's

01 Das Abzugsloch im Boden des Topfs mit Tonscherben bedecken, damit beim Wässern oder wenn es regnet keine Erde ausgewaschen wird. Topf bis fast zum Rand mit Erde füllen.

02 Erde leicht mit einer Gießkanne wässern, damit die Oberfläche feucht wird und die Samen keimen.

Auf gutes Gedeihen

Wer nicht direkt ins Freiland sät, stellt große Töpfe an einem sonnigen, geschützten Platz auf Mauerziegel. Durch die Ziegel kann das Wasser besser ablaufen. Bei Trockenheit muss Senf gut gewässert werden. Die Blüten setzen Samen an, indem sie dünne, grüne Schoten bilden. Reif sind die Samen, wenn sich die Schoten braun färben und eine papierartige Textur bekommen. Erntet sie regelmäßig und legt sie in eine Kiste oder ein anderes Gefäß. Sobald man so viele Schoten beisammen hat, dass sich die Arbeit lohnt – sie ist zeitaufwendig und fummelig –, bricht man sie auf und holt die winzigen Samen heraus. Sie kommen in Plastikschachteln, bis ihr daraus Senf zubereitet. Da sie Jahre halten, macht man immer nur so viel Senf wie nötig, denn geht der Vorrat zur Neige, kann man mit den gelagerten Körnern sofort neuen zubereiten.

03 Senfkörner in die Hand nehmen und auf die Erde streuen. Mit 1 cm Erde bedecken und noch einmal leicht wässern.

04 Senf wächst rasch, sodass schon nach ein paar Tagen Keimlinge zu sehen sind. Man kann ein paar Blätter für Salat ernten, sobald sie erscheinen, ansonsten lässt man die Pflänzchen wachsen, damit sie blühen.

Senf Marke Eigenanbau

Gleiche Teile Senfkörner, Essig (ich bevorzuge Weinessig) und Wasser in ein Glas geben. Mischen, dann rund 48 Stunden stehen und etwas gären lassen. Senfkörner heraussieben, die Flüssigkeit für später aufheben. Die Senfkörner in der Küchenmaschine oder im Blitzhacker zerkleinern – sie sollten eine gelbliche Farbe annehmen. Etwas von der abgeseihten Flüssigkeit dazugeben, bis die gewünschte Konsistenz erreicht ist, und noch einmal mixen. Den Senf in kleine Gläser füllen. Er hält im Kühlschrank 3–6 Monate, manchmal auch länger.

Hack Nr. 36

Chia *aus Samen*

Chia ist ein einjähriges Kraut, das mit dem Salbei verwandt ist und zahlreiche gesundheitliche Vorteile hat. Ich säe Chia aus, um Microgreens zu bekommen. Das geht schnell und leicht und braucht fast keinen Platz – eine sonnige Fensterbank reicht. Weil Chia-Keimlinge so schnell wachsen, kann man sie alle paar Tage ansäen, um lückenlos versorgt zu werden.

Päckchen mit kleinen schwarzen Chia-Samen bekommt man in Reformhäusern und Supermärkten. Die meisten streuen sich die Samen so, wie sie sind, auf Gerichte und in Getränke. Allerdings macht es wesentlich mehr Spaß und ist auch genauso nahrhaft, sie als Microgreens heranzuziehen. Wer sich noch erinnert, wie er als Kind Kresse auf Küchenpapier ausgesät hat, weiß, wie das geht. In milden Gegenden kann man Chia-Samen sogar ins Freiland säen und zum Saisonende ernten. Bei mir in Südengland geht das – in kühleren Gegenden ist es vielleicht nicht ganz so einfach.

Ihr braucht

- Papierküchentuch
- Teller
- Chia-Samen

Dieser Hack liefert in Rekordzeit Ergebnisse.

Die gesunden Keimlinge bereichern Salate und belegte Brote.

So geht's

01 Feuchtes Küchenpapier auf einen Teller legen. Chia-Samen großzügig daraufstreuen.

02 Teller auf eine sonnige Fensterbank stellen und Papier regelmäßig frisch anfeuchten.

Auf gutes Gedeihen

Chia-Pflanzen werden etwa 1m hoch und öffnen Lippenblüten, aus denen sich Samen entwickeln. Die Pflanzen sind dekorative Gartenelemente, ganz gleich, ob man ihre Samen ernten möchte oder nicht. Wer sie draußen anbauen will, braucht etwa einen Quadratmeter gut durchlässigen Boden in der vollen Sonne. Er muss vor dem Ansäen bearbeitet und gut gejätet werden, damit die Sämlinge nicht von Unkraut bedrängt werden. Streut anschließend eine Handvoll Samen möglichst gleichmäßig verteilt auf die Fläche und harkt sie ein. Zum Schluss wässert man sie mit einer Gießkanne leicht. Geerntet wird an einem trockenen, sonnigen Tag. Kühle, trockene Lagerung ist ratsam.

03 Nach drei Tagen sollten die Samen zu keimen beginnen. Sobald die Sprossen etwa 3 cm hoch sind, können sie geerntet werden.

04 Die Sprossen mit einer sauberen Schere abschneiden und in pikante Speisen geben.

Hack Nr. 37

Kichererbsen
aus getrockneten Samen

Ich konnte mir letztes Jahr mit Pflanzen, die ich aus getrockneten Kichererbsen gezogen habe, meinen eigenen bescheidenen Hummus zubereiten. Es war eine nette Überraschung, denn ich wusste nicht, ob sie bei mir überhaupt gedeihen würden. Aber ich konnte eine gute Ernte einfahren. Jetzt haben sie einen Stammplatz in meinem Garten.

Ihr braucht

- getrocknete Kichererbsen
- Sieb
- Papierküchentuch
- 9-cm-Pflanztöpfe
- torffreie Universalerde

Kichererbsen sind einjährige Pflanzen aus der Familie der Hülsenfrüchtler. Man muss sie draußen anbauen, sofern man kein Gewächshaus oder einen Wintergarten hat, denn sie passen nicht auf normal große Fensterbänke. Wie bei allen Hülsenfrüchten werden die Samen der Pflanze genutzt. Sie sitzen in kleinen länglichen Fruchtkörpern, die sich an den Trieben bilden. Man kann Kichererbsen grün ernten, aber viele warten, bis die Hülsen braun werden, damit sie zu Hummus verarbeitet werden können.

So geht's

01 Eine Handvoll getrockneter Kichererbsen 24 Stunden einweichen. In einem Sieb abtropfen lassen und auf Küchenpapier trocknen.

02 Nach 1–2 Tagen beginnen die Samen »Schwänzchen« zu bilden, also zu keimen. Nun können sie ausgepflanzt werden.

Auf gutes Gedeihen

Kichererbsen werden nur etwa 50 cm hoch, brauchen also keine Kletterhilfe. Man sollte den Bereich um sie herum unkrautfrei halten, damit unerwünschte Nebenbuhler nicht mit ihnen um Licht, Nährstoffe und Wasser konkurrieren. Ist es im Sommer einmal längere Zeit ungewöhnlich trocken, wässert man sie außerdem. Im Hoch- und Spätsommer sollten die Kichererbsen allmählich reif werden – je nachdem, wann man sie gesät hat. Falls ein trockener Sommer zu erwarten ist, lässt man die Hülsen möglichst lang an der Pflanze. Ist er dagegen nass, muss man sie eventuell ernten, die Samen herausholen und drinnen auf einer Schale zum Trocknen auslegen. Getrocknete Kichererbsen halten ungefähr ein Jahr lang. Legt einige für die Aussaat im nächsten Jahr beiseite und verwendet den Rest in der Küche.

03 Bei Aussaat die Kichererbsen in 9-cm-Töpfe geben und bis zum Frühjahrsende auf eine sonnige Fensterbank stellen. Nach 14–21 Tagen sollten sich Sämlinge bilden. Man kann sie drinnen in Pflanzgefäßen weiterkultivieren.

04 Ansonsten die Sämlinge pikieren, sobald sie 10 cm hoch sind und kein Frost mehr droht, und direkt mit 15 cm Abstand zueinander in Reihen in Freilanderde setzen.

Hummus, selbst gemacht

400 g getrocknete Kichererbsen über Nacht in Wasser einweichen. In einem Topf in Wasser kochen, bis sie weich sind. Topf vom Herd nehmen. Kichererbsen mit einem Löffel oder Pfannenheber in Wasser rühren, damit sich ein Großteil der Schalen löst. Die letzten Schalenreste eventuell von Hand ablösen. Kichererbsen spülen und einen Teil des Kochwassers beiseitestellen. Erbsen mit 120 g Tahin (Sesampaste), dem Saft von 2 Zitronen und 2 geschälten Knoblauchzehen (sie müssen nicht gehackt werden) in eine Küchenmaschine geben. Nach Belieben eine Prise gemahlenen Kreuzkümmel dazugeben. Alle Zutaten mixen, bis der Hummus cremig ist. Wird eine etwas flüssigere Konsistenz gewünscht, etwas vom Kochwasser dazugeben. In einem verschließbaren Behälter hält sich der Hummus im Kühlschrank einige Tage.

Hack Nr. 38

Sonnenblumen *aus Kernen*

Sonnenblumen stammen aus den warmen Klimazonen Mittel- und Südamerikas, schlagen sich aber auch in kühleren Regionen erstaunlich wacker. Die Einjährigen öffnen Blüten, die zu den unverwechselbarsten und farbenfrohesten überhaupt gehören. In Gruppen bereichern sie Gärten durch ihre spektakuläre goldgelbe Strahlkraft. Ich mag sie – für mich fühlen sie sich tatsächlich wie Sonnenstrahlen an. Überdies wachsen sie schnell und geben Gärten mit minimalem Aufwand Höhe.

Ich kaufe geschälte Sonnenblumensamen, aber auch wenn sie noch in ihrer Schale stecken, kann man sie verwenden. Die Pflanzen durch Aussaat zu vermehren, ist völlig unkompliziert, weshalb diese Methode wesentlich billiger ist als der Kauf von Setzlingen. Obwohl sich die Sonnenblumensamen aus dem Supermarkt keiner eingetragenen Sorte zuordnen lassen, haben sie mir bisher immer erstaunlich schöne Exemplare geliefert. Wer keinen Platz für Sonnenblumen hat, kann sie auch als Microgreens kultivieren. Die Sprosse mit ihren Miniblättern sind eine wahre Delikatesse und obendrein sehr gesund. Man braucht dafür nicht viel Platz, nur ein Fleckchen auf einer sonnigen Fensterbank. Ihr könnt sie wie Chia-Samen (siehe S. 166) aussäen.

Ihr braucht

- 9-cm-Pflanztöpfe
- torffreie Universalerde
- Sonnenblumenkerne
- Papierküchentuch
- Sprühflasche bzw. Zerstäuber

Sonnenblumen wachsen schnell und bereichern Gärten um eine spannungsreiche Komponente.
Trotz ihrer südamerikanischen Herkunft gedeihen die Pflanzen in unseren Breiten erstaunlich gut.

So geht's

01 Einen Topf bis knapp unter den Rand mit torffreier Universalerde füllen.

02 Mit dem Finger einen einzigen Sonnenblumensamen pro Topf 2 cm tief in die Erde drücken.

03 Das Loch mit Erde füllen. Topf wässern und auf eine sonnige Fensterbank stellen.

04 Sämling auspflanzen, sobald er etwa 10 cm hoch ist.

05 Wer Sonnenblumen als Microgreens ansetzen möchte, streut die Samen auf Küchenpapier und befeuchtet sie mit einer Sprühflasche. Auf eine sonnige Fensterbank stellen und regelmäßig wässern.

06 Nach etwa einer Woche keimen die Samen. Die essbaren Sprossen lassen sich mit einer Schere ernten, indem man sie knapp über dem Ansatz abschneidet.

Auf gutes Gedeihen

Sonnenblumen können über 2 m hoch werden und benötigen daher viel Platz. Der ideale Abstand zwischen ihnen beträgt 40 cm. Eventuell müssen die einzelnen Exemplare mit einem stabilen Stock gestützt werden. Vergesst nicht, ein paar Kerne aufzuheben, damit ihr sie im nächsten Jahr wieder aussäen könnt.

Hack Nr. 39

Haselnüsse

aus den Kernen

Haselnussträucher sind sommergrüne Großsträucher, die jedem Garten zur Zier gereichen. Sie liefern mir nicht nur einige meiner Lieblingsnüsse, sondern trumpfen im Spätwinter und zeitigen Frühjahr auch mit hübschen, langen Blütenkätzchen auf. Nützlich sind sie ferner, weil sich ihre biegsamen Zweige gut als Stützen und Kletterhilfen einsetzen lassen. Haselnusssträucher sind völlig winterhart und eignen sich nicht für die Kultur drinnen.

Haselnusssträucher lassen sich in großen Töpfen auf dem Balkon oder der Terrasse ziehen, falls man keinen Garten hat, doch braucht man für sie schon mehr Platz. Die Samen müssen stratifiziert, also ein paar Wochen lang der Kälte ausgesetzt werden, damit sie ihre Samenruhe unterbrechen und keimen, wenn es wärmer wird. Wer sie im Frühjahr aussäen möchte, sollte sie daher ein paar Wochen lang in den Kühlschrank legen. Besorgt man sich die Nüsse aber aus dem Handel, ist das eventuell nicht mehr notwendig, weil sie dann bereits kühl gelagert wurden. Haselnusssträucher kann man regelmäßig auf den Stock setzen, um biegsame Ruten zu bekommen. Dabei werden sie bis fast zum Boden zurückgeschnitten, damit sie frische, gesunde, schnell wachsende Triebe bilden.

Ihr braucht

- Haselnüsse
- Nussknacker oder Hammer
- 9-cm-Pflanztopf
- torffreie Universalerde

Auf die Kätzchen
im Frühjahr folgen
Nussfrüchte.
Haselnusssträucher kann
man ungehindert wachsen
lassen oder regelmäßig
radikal zurückschneiden,
um ihre Triebe zu verwerten.

So geht's

01 Eine Haselnuss mit einem Nussknacker knacken oder vorsichtig mit einem Hammer aufklopfen, ohne den Kern im Inneren zu beschädigen.

02 2–3 weitere Nüsse öffnen. Einen 9-cm-Topf mit torffreier Universalerde füllen.

Auf gutes Gedeihen

Haselnusssträucher öffnen männliche (Kätzchen) und weibliche Blüten an ein und derselben Pflanze. Sie sind also einhäusig und können sich selbst befruchten. Allerdings fällt der Fruchtansatz höher aus, wenn mehrere Exemplare unweit voneinander wachsen. Da die Blüten vom Wind bestäubt werden, sollte man die Pflanzen nach Möglichkeit in einem Gittermuster arrangiert pflanzen, statt sie in einer Reihe zu setzen. Der Abstand zwischen den Sträuchern sollte rund 5 m betragen. Geschnitten werden Haseln während der Vegetationsruhe im Winter. Wer sie zieht, um Ruten zu ernten, sollte den neuen Wuchs bis auf ein paar wenige Knospen zurückschneiden. Möchte man den Strauch alle paar Jahre auf den Stock setzen, um regelmäßig mit Ruten versorgt zu werden, schneidet man ihn komplett bis fast auf den Boden zurück.

03 Die Nusskerne mit dem Finger 2 cm tief in die Erde drücken. Im Winter nach draußen stellen, damit sie im Frühjahr keimen.

04 Haselnusssämling nach draußen in einen großen Topf oder direkt ins Freiland setzen, sobald er etwa 15 cm hoch ist. Er braucht feuchte, aber durchlässige Böden in der vollen Sonne.

Hack Nr. 40

Quinoa

Microgreens aus Samen

Quinoasamen sind reich an Eiweiß und Ballaststoffen. Sie werden als Superfood geschätzt. Die Pflanze gehört zur Familie der Fuchsschwanzgewächse und ist eng verwandt mit dem Weißen Gänsefuß, der als Unkraut gilt. In Südamerika ist Quinoa seit Jahrtausenden ein Grundnahrungsmittel, in Europa hingegen kennt man sie erst seit wenigen Jahren als Trendzutat. Vereinzelt wird sie in Europa sogar angebaut.

Quinoa gehört nicht zu den Getreidearten, sondern zu den Fuchsschwanzgewächsen, und wird daher als Pseudogetreide bezeichnet. Wenn man im Supermarkt ein Päckchen kauft, besteht der Inhalt aus den Quinoasamen, weshalb Quinoa sich so leicht nachziehen lässt! Quinoa ist einjährig und wird zwar zumeist wegen der Samen gezogen, doch kann man die Sprossen auch als Microgreens nutzen. Dazu erntet man die winzigen Sprosse und Blätter, solange sie noch jung und zart sind.

Ihr braucht

- Pflanzgefäß mit Abzugslöchern
- torffreie Universalerde
- Päckchen Quinoa
- Anzuchtkasten (optional, siehe S. 13)

So geht's

01 Eine Saatschale oder einen anderen Behälter bis knapp unter den Rand mit torffreier Universalerde füllen. Die Samen dünn auf der Oberfläche verteilen.

02 Samen hauchdünn mit Erde bedecken – mehr als 1 mm sollte es nicht sein. Etwas wässern, um sie zum Keimen zu bringen.

03 Auf eine warme, sonnige Fensterbank stellen. Wer einen Anzuchtkasten hat, kann den Behälter auch dort hineinstellen.

04 Pflanzen alle paar Tage mit der Sprühflasche wässern. Nach etwa 10 Tagen sollten sich Keime zeigen.

Jeden Tag eine gute Saat

Auch die gekeimten Samen von Chia (siehe S. 166), Sonnenblumen (siehe S. 174), Melonen, Gurken und Brokkoli lassen sich als Microgreens verwerten.

05 Sprossen ernten, sobald sie 3–4 cm hoch sind. Dazu die Sprossen mit einer Schere knapp über dem Ansatz abschneiden und als Microgreens in Salate geben.

Auf gutes Gedeihen

Microgreens sind recht kurzlebig, doch wenn man die Aussaaten nach dem Ernten weiter wässert und in der Sonne stehen lässt, treiben sie mitunter noch einmal aus. Die zweite Ernte fällt jedoch nicht mehr so üppig aus wie die erste. Zeigen sich keine weiteren Sprossen mehr, gibt man den Inhalt des Behälters auf den Komposter und sät eine weitere Charge mit frischen Samen und neuer Erde an. Das macht auch nicht recht viel mehr Arbeit und sorgt zudem dafür, dass man regelmäßig mit frischen, gesunden Sprossen versorgt wird.

Glossar

Anhäufeln Das Aufschichten von Erde um Pflanzentriebe herum, während sie wachsen (siehe S. 42).

Anthocyane Wasserlösliche Flavonoide und Antixoxidantien, die in rotem, blauem und violettem Obst und Gemüse enthalten sind.

Anzuchtkasten Ein Kasten, in dem künstlich Bedingungen geschaffen werden, die die Keimung von Samen fördern (siehe S. 12–13).

Aussaaterde Eine spezielle Erdmischung, die sich vor allem für Aussaaten eignet. Sie enthält wenig Nährstoffe, was für die Keimung der Samen besser ist.

Bleichen Das Abdecken von Trieben, damit sie weiß bleiben (siehe S. 39).

Blütenkorb Blütenstand, bei dem die Spitze der Achse scheibenförmig verbreitert ist. Der Korb besteht aus vielen Scheibenblüten, die von blütenblattähnlichen Strahlenblüten umgeben sind.

Bromelien Eine vielfältige Gruppe nicht winterharter Pflanzen, die wegen ihres ungewöhnlichen, farbenfrohen Aussehens gezogen werden. Sie tragen in der Regel bandförmige Blätter. Die meisten werden zwar als Zierpflanzen genutzt, einige aber auch wegen ihrer Früchte, etwa die Ananas.

Echte Blätter Die Blätter, die eine Pflanze im Anschluss an die Keimblätter bildet. In der Botanik werden sie auch Primär- oder Jugendblätter genannt.

Einhäusig Weibliche und männliche Blüten sitzen auf derselben Pflanze.

Einjährige Pflanzen, die nur eine Saison lang leben, in dieser Zeit wachsen, blühen, Samen ansetzen und dann eingehen.

Einziehen Das Absterben der oberirdischen Teile winterharter Stauden zum Ende der Saison. Im Frühjahr erfolgt der Neuaustrieb.

Frostempfindlich Bezeichnung für Pflanzen, die keine Minustemperaturen vertragen.

Gelappt Form einer Blattspreite, bei der die Ränder eingeschnitten sind.

Hülsenfrüchtler (Leguminosen) Eine Pflanzenfamilie, die unter anderem Erbsen, Bohnen, Linsen, Kichererbsen und viele mehr umfasst.

Kätzchen Viele Gehölze bilden ihre Pollen an langen, hängenden Blütenständen, den Kätzchen – die Haselnuss ist ein Beispiel. Die Pollen werden vom Wind auf weibliche Blüten geblasen (die manchmal auch Kätzchen sind), damit eine Befruchtung stattfindet.

Keimblätter Die ersten Blätter, die ein Keimling bildet, auch Kotyledonen genannt. Sie unterscheiden sich von den ersten »echten« Blättern, die anschließend erscheinen.

Keimung Der Zeitpunkt, zu dem Samen beginnen, sich zu einem Keimling bzw. einer Pflanze zu entwickeln.

Knolle Verdicktes unterirdisches Speicherorgan von Pflanzen.

Knoten Knospe an einem Trieb, aus dem ein Seitentrieb, ein Blatt oder eine Blüte entspringt. Auch Nodium genannt. Die Abschnitte zwischen den Knoten heißen Internodien.

Kompost Eine zersetzte Mischung aus organischem Material, das zur Bodenverbesserung verwendet wird. Mehr zum Ansetzen von Kompost auf S. 11.

Mehrjährig Bezeichnung für eine Pflanze, die länger als zwei Jahre lebt.

Moorbeeterde Erde mit einem pH-Wert im sauren Bereich. Heidelbeeren, Cranberrys und andere Pflanzen brauchen eine solche saure Erde.

Mulch Eine Schicht aus meist organischem Material, die auf den Boden aufgetragen wird, um eine Verdunstung von Bodenfeuchtigkeit zu verringern, die Wurzeln vor Frost zu schützen, das Unkrautwachstum zu reduzieren und den Boden mit Nährstoffen anzureichern.

Perlit Leichte, runde, weiße Gesteinskörner vulkanischen Ursprungs. Wird oft Substraten hinzugefügt, um die Durchlässigkeit und Durchlüftung zu verbessern.

Pflanzholz Ein Stock mit einem Griff am oberen Ende, mit dem man Löcher in die Erde drückt, um darin Samen auszusäen. Oft werden auch Stöcke oder Bleistifte dafür verwendet. Ich steche meine Pflanzlöcher manchmal sogar mit dem Finger.

Pikieren Das Herausholen neuer Sämlinge aus der Erde, in die sie zu mehreren ausgesät wurden, und ihr Umpflanzen in Einzeltöpfe oder ins Freiland. So wird gewährleistet, dass die Sämlinge genug Platz zum Wachsen haben.

Rhizom Ein unterirdisches, wurzelähnliches Speicherorgan, das eine Pflanze mit Nährstoffen versorgt.

Staubbeutel Der Teil einer Blüte, der die Pollen enthält.

Staubfaden Der Staubfaden (Filament) bildet den unteren Teil des Staubblatts. An seinem Ende sitzt der Staubbeutel.

Staude Nicht verholzende mehrjährige Pflanze.

Stratifizierung (Stratifikation) Das Aussetzen mancher Samen einer Kälteperiode, um die Samenruhe zu durchbrechen. Das ist ein natürlicher Schutz, der verhindert, dass Samen im Herbst keimen, da die empfindlichen Sämlinge den Winter nicht überleben würden. Man kann Samen künstlich stratifizieren, indem man sie vor der Aussaat einige Wochen in den Kühlschrank legt.

Topferde Allgemeine Bezeichnung für Substrat, das in Pflanztöpfe gefüllt wird und als Erde für Pflanzen nach der Keimung dient.

Universalerde Substrat aus organischem Material, meist ohne Ton- bzw. Lehmanteil. Für die meisten Pflanzen geeignet und oft als Topferde verwendet. Auch Blumenerde genannt.

Vermiculit Ein feinkiesiges, fast flockenartiges, helles Material mit ausgezeichneten feuchtigkeitsspeichernden Eigenschaften. Es wird in der Regel nach der Aussaat und bei der Stecklingsvermehrung auf dem Substrat verteilt, um den Flüssigkeitsverlust zu verringern und Unkraut zu unterdrücken.

Winterhart Bezeichnung für eine Pflanze, die den Winter im Freien übersteht. Die Winterhärte unterscheidet sich von Pflanze zu Pflanze und Region zu Region.

Zweihäusig Arten sind zweihäusig, wenn männliche und weibliche Blüten an getrennten Pflanzen sitzen.

Zweijährige Pflanzen, die ihren Lebenszyklus binnen zwei Jahren vollenden.

Register

Dank

Der Verlag dankt Tom Brown und den West Dean Gardens für ihre großzügige Unterstützung bei der Bereitstellung von Bildmaterial. Ein Dank geht auch an Duncan Turner für seine Unterstützung beim Design, Alison Gardner für das Auftreiben von Requisiten, Ruth Ellis für das Register, Kathy Steer für das Korrektorat und Adam Brackenbury sowie Sunil Sharma für die Repro und die Farbkorrekturen.

Bildnachweis

Der Verlag dankt folgenden Personen und Organisationen für ihre freundliche Genehmigung zur Wiedergabe der Fotografien: (Abkürzungen: o =oben, u = unten, l = links, r = rechts, g = ganz)

Simon Akeroyd: 7gol, 191gol; **Alamy Stock Photo:** Anakumka 177gor, blickwinkel / McPHOTO / HRM 133, Connect Images / Bill Sykes 59gol, Karen Kaspar 155, Natalia Kokhanova 173gor, Westend61 GmbH 35gor, Maarten Zeehandelaar 117; **Dreamstime.com:** Chernetskaya 34ul, 34ur, Gheorghe Mindru 129, Trong Nguyen 105, Olga Ovcharenko 141, Veronika Peskova 181gor, Zerbor 73gor, Jinfeng Zhang 163; **GAP Photos:** Elke Borkowski 65, Chris Burrows 57, Victoria Firmston 25, Nova Photo Graphik 171; **Getty Images / iStock:** Jonas Hanacek 33, ozgurdonmaz 145; **Jason Ingram:** 47, 111gor, 113, 151, 153ul, 161gol, 161tr, 181ul, 183; **naturepl.com:** Nigel Cattlin 49; **Shutterstock.com:** anomaly026 58ul, Brzostowska 97, Djakandakandaduo 125, Maciej Dubel 111gol, Sergey Dudikov 46gor, ffolas 91, Freelancerbird643 176ur, Geshas 107gol, Angela Lock 58ur, Mirza Tanjia Nasrin 169ul, Nonavia 139gor, Irina Shatilova 115gol, studiomiracle 123gol, Dmitry Surov 134ul, VelP 157gor.

DK Penguin Random House

DK London
Lektorat Ruth O'Rourke, Alastair Laing, Emily Cannings, Clare Double
Gestaltung und Bildredaktion Maxine Pedliham, Barbara Zuniga, Heather Blagden, Louise Evans, Georgina Hewitt
Herstellung David Almond, Steph McConnell
Illustrationen Louise Evans
Fotos Jason Ingram

Für die deutsche Ausgabe:
Projektbetreuung Manuela Stern
Herstellungskoordination Arnika Marx
Herstellung Julia Fink
Covergestaltung Jürgen Katzenberger

Titel der englischen Originalausgabe:
Grow your groceries

Übersetzung Reinhard Ferstl

ISBN 978-3-8310-5203-5
5902-344849-24153-01

Druck und Bindung C&C Offset Printing, China

MIX
Papier | Fördert gute Waldnutzung
FSC www.fsc.org FSC® C018179

www.dk-verlag.de

Hinweis
Die Informationen und Ratschläge in diesem Buch sind vom Autor und vom Verlag sorgfältig erwogen und geprüft, dennoch kann eine Garantie nicht übernommen werden. Eine Haftung des Autors bzw. des Verlags und seiner Beauftragten für Personen-, Sach- und Vermögensschäden ist ausgeschlossen.

Ein Hinweis zu geschlechtlichen Identitäten
Der DK Verlag erkennt alle geschlechtlichen Identitäten an. Nach Möglichkeit wird im Buch eine gendergerechte Sprache berücksichtigt, sofern dies inhaltlich sinnvoll ist bzw. den historischen Fakten entspricht; stellenweise wird aus Platzgründen oder Gründen der besseren Lesbarkeit jedoch das generische Maskulinum verwendet.

Über den Autor

Simon Akeroyd hat bisher mehr als 30 Gartenbücher verfasst. Außerdem teilt er seine Ratschläge zu allen Aspekten des Gärtnerns auf seinen Social-Media-Kanälen mit mehr als 1,5 Millionen Followern.

Er veranstaltet auf der Grundlage seiner Bücher eintägige Erlebnisseminare im Rahmen seiner Gartenschule, der Simon Akeroyd's Gardening Academy, die er in den englischen Grafschaften Surrey und Devon gegründet hat.

Als Gartenverwalter hat er für die britische Royal Horticultural Society (RHS) und den National Trust des Landes gearbeitet. Ebenfalls in leitender Funktion war er in den Gärten von Wisley, Polesden Lacey, Harlow Carr, dem Sheffield Park, Coleton Fishacre, Agatha Christie's Greenway und zuletzt Painshill in Surrey tätig.

In seiner Freizeit fährt Simon gern Kanu auf dem Fluss Dart oder erkundet Dartmoor (und verirrt sich dabei meistens). Zurzeit schreibt er Krimikurzgeschichten aus der Gartenwelt.

Instagram: @simonakeroydgardenwriter
TikTok: @simonakeroydgardener
www.simonakeroyd.co.uk

Noch mehr Spaß und Lesefreude

ISBN 978-3-8310-4847-2

ISBN 978-3-8310-4926-4

ISBN 978-3-8310-4998-1

ISBN 978-3-8310-5002-4

DK

www.dk-verlag.de

Neugierig auf mehr?